# Wissenschaftliche Reihe Fahrzeugtechnik Universität Stuttgart



**Reihe herausgegeben von**

André Casal Kulzer, Stuttgart, Deutschland

Hans-Christian Reuss, Stuttgart, Deutschland

Andreas Wagner, Stuttgart, Deutschland

Das Institut für Fahrzeugtechnik Stuttgart (IFS) an der Universität Stuttgart forscht interdisziplinär sowie technologieoffen an modernen und zukunftsorientierten Fahrzeugkonzepten. In enger Zusammenarbeit mit Partnern aus Industrie und Wissenschaft entstehen neue Lösungen für die Mobilität der Zukunft. Das Institut gliedert sich in drei spezialisierte Lehrstühle, die gemeinsam das gesamte Spektrum der Fahrzeugtechnik abdecken: Der **Lehrstuhl für Fahrzeugantriebssysteme** widmet sich der Forschung nachhaltiger Antriebslösungen für künftige Mobilitätskonzepte. Im Fokus stehen alternative, elektrische sowie hybride Antriebssysteme und deren Komponenten – einschließlich der Nutzung nachhaltiger Energieträger wie Wasserstoff, synthetischer Kraftstoffe und Batterien. Der **Lehrstuhl für Kraftfahrzeugmechatronik** beschäftigt sich mit vernetzten, intelligenten und adaptiven Fahrzeugen. Im Zentrum stehen Fragestellungen zum Automatisierten und Vernetzten Fahren, Diagnose, Ladetechnologien, verteilte Systeme sowie softwarebasierte Fahrzeugfunktionen. Der **Lehrstuhl für Kraftfahrwesen** erforscht die physikalischen Grundlagen der Auslegung zukünftiger Fahrzeugkonzepte. Im Mittelpunkt stehen die Bereiche Aerodynamik, Windkanaltechnik, Akustik/NVH, Fahrzeugdynamik, Reifenmanagement und Thermomanagement Gesamtfahrzeug. Das IFS verfügt über eine vielfältige und hochmoderne Forschungsinfrastruktur, die realitätsnahe Untersuchungen vom Einzelbauteil bis zum Gesamtfahrzeug ermöglicht. Besonders hervorzuheben sind der Multikonfigurations- und Antriebsprüfstand für komplexe Antriebskonzepte, der Stuttgarter Fahrsimulator zur Untersuchung menschlichen Fahrverhaltens, der Aeroakustik-Fahrzeugwindkanal für akustische und strömungstechnische Fragestellungen sowie der Thermowindkanal zur Analyse thermischer Prozesse im Gesamtfahrzeug. Die wissenschaftliche Reihe „Fahrzeugtechnik Universität Stuttgart" dokumentiert die im Rahmen von Promotionen am IFS entstandene Beiträge zur Mobilität der Zukunft und zeigt deren thematische Vielfalt, methodische Tiefe und Praxisrelevanz.

**Reihe herausgegeben von**


Prof. Dr.-Ing. André Casal Kulzer
Lehrstuhl für Fahrzeugantriebssysteme
Institut für Fahrzeugtechnik Stuttgart
Universität Stuttgart
Stuttgart, Deutschland

Prof. Dr.-Ing. Andreas Wagner
Lehrstuhl für Kraftfahrwesen
Institut für Fahrzeugtechnik Stuttgart
Universität Stuttgart
Stuttgart, Deutschland

Prof. Dr.-Ing. Hans-Christian Reuss
Lehrstuhl für
Kraftfahrzeugmechatronik
Institut für Fahrzeugtechnik Stuttgart
Universität Stuttgart
Stuttgart, Deutschland

Mathias Jaksch

# Betriebsstrategien für batterieelektrische Personenkraftwagen mit mehrstufigen Getrieben

Springer Vieweg

Mathias Jaksch
Universität Stuttgart
Stuttgart, Deutschland

Zugl.: Dissertation Universität Stuttgart, 2026
D93

ISSN 2567-0042 ISSN 2567-0352 (electronic)
Wissenschaftliche Reihe Fahrzeugtechnik Universität Stuttgart
ISBN 978-3-658-52609-2 ISBN 978-3-658-52610-8 (eBook)
https://doi.org/10.1007/978-3-658-52610-8

Die Deutsche Nationalbibliothek verzeichnet diese Publikation in der Deutschen Nationalbibliografie; detaillierte bibliografische Daten sind im Internet über https://portal.dnb.de abrufbar.



Planung/Lektorat: Deborah Priß
Springer Vieweg ist ein Imprint der eingetragenen Gesellschaft Springer Fachmedien Wiesbaden GmbH und ist ein Teil von Springer Nature.
Die Anschrift der Gesellschaft ist: Abraham-Lincoln-Str. 46, 65189 Wiesbaden, Germany

# Vorwort

Die vorliegende Arbeit entstand teilweise während meiner Tätigkeit als wissenschaftlicher Mitarbeiter des Geschäftsbereich Automotive Mechatronics am Forschungsinstitut für Kraftfahrwesen und Fahrzeugmotoren Stuttgart (FKFS) und wurde unter der Leitung von Herrn Prof. Dr.-Ing. H.-C. Reuss fertiggestellt.

Mein besonderer Dank gilt Herrn Prof. Dr.-Ing. H.-C. Reuss für die tatkräftige Unterstützung meines Dissertationsvorhabens. Trotz seines unmittelbar bevorstehenden Ruhestands hat er sich bereit erklärt, die Funktion als Hauptberichter für mein Dissertationsverfahren weiterzuführen und die Betreuung dieser Arbeit zu übernehmen. Für die stets wertvolle, fachliche und konstruktive Unterstützung bin ich äußerst dankbar.

Herrn Prof. Dr.-Ing. Andreas Nicola danke ich herzlich für die Zusage, meine Dissertation als Mitberichter zu begleiten. Wir hatten einen extrem konstruktiven Austausch, aus dem ich dank der wertvollen inhaltlichen Anregungen wichtige Impulse für die Durchführung meiner Arbeit gewinnen konnte.

Besonders bedanken möchte ich mich bei meiner Partnerin Ivana, die mir während der intensiven Phase meiner Dissertation stets den Rücken freigehalten hat und durch ihre Rücksichtnahme und Geduld eine reibungslose Fertigstellung dieser Arbeit möglich gemacht hat.

Außerdem bedanke ich mich bei meinen Eltern Helmut und Karin, die mich während meiner gesamten schulischen und akademischen Laufbahn finanziell und emotional unterstützt haben und ohne die ich dieses Lebensziel nicht erreicht hätte.

Des Weiteren möchte ich mich bei meinem Freund Sebastian bedanken, der mich in entscheidenden Momenten motiviert hat und mit dem ein stets konstruktiver, wissenschaftlicher Austausch möglich war.

Zuletzt möchte ich mich bei allen bedanken, die mich auf dem Weg dieser Arbeit in irgendeiner Form unterstützt haben, auch wenn eine namentliche Erwähnung fehlt.

Stuttgart — Mathias Jaksch

# Inhaltsverzeichnis

# Abbildungsverzeichnis

# Tabellenverzeichnis

# Abkürzungsverzeichnis

| | |
|---|---|
| AMT | Automatisiertes Handschaltgetriebe (engl. *automated manual transmission*) |
| ASM | Asynchronmaschine (engl. *induction motor*) |
| AT | Automatikgetriebe (engl. *automatic transmission*) |
| back-EMF | Gegen-elektromotorische Kraft (engl. *back electromotive force*) |
| BEV | Batterieelektrisches Fahrzeug (engl. *battery electric vehicle*) |
| BMS | Batteriemanagementsystem |
| BMW | Bayerische Motorenwerke AG |
| CVT | CVT-Getriebe (engl. *continuously variable transmission*) |
| DC | Gleichstrom (engl. *direct current*) |
| DKG | Doppelkupplungsgetriebe |
| ECU | Motorsteuergerät (engl. *engine control unit*) |
| EESM | Fremderregte Synchronmaschine (engl. *externally excited synchronous motor*) |
| EM | elektrische Maschine |
| EPA | Umweltschutzbehörde der Vereinigten Staaten von Amerika (engl. *United States Environmental Protection Agency*) |
| FFT | Schnelle Fouriertransformation (engl. *fast Fourier transform*) |
| FKFS | Forschungsinstitut für Kraftfahrwesen und Fahrzeugmotoren Stuttgart |
| FTP-75 | Federal Test Procedure 75 |
| HiL | Hardware-in-the-Loop |
| HV | Hochvolt |
| HWFET | Highway Fuel Economy Test |
| ICE | Verbrennungskraftmaschine (engl. *internal combustion engine*) |

| | |
|---|---|
| ICEV | Verbrennungsmotorisches Fahrzeug (engl. *internal combustion engine vehicle*) |
| IFS | Institut für Fahrzeugtechnik Stuttgart |
| IGBT | Bipolartransistor (engl. *Insulated Gate Bipolar Transistor*) |
| Kfz | Kraftfahrzeug |
| LE | Leistungselektronik |
| LSD | Sperrdifferential (engl. *limited slip differential*) |
| MDU | Motor Drive Unit |
| MOSFET | Feldeffekttransistor (engl. *Metal-Oxide-Semiconductor Field-Effect Transistor*) |
| MPG | Meilen pro US-Gallone Kraftstoff (engl. *miles per gallon*) |
| MT | Handschaltgetriebe (engl. *manual transmission*) |
| MTPA | Maximales Drehmoment pro Ampere (engl. *maximum torque per ampere*) |
| MTPV | Maximales Drehmoment pro Volt (engl. *maximum torque per volt*) |
| NEFZ | Neuer Europäischer Fahrzyklus |
| NVH | Noise, Vibration, Harshness |
| OBD | On-Board-Diagnose |
| OCV | Leerlaufspannung (engl. *open circuit voltage*) |
| OEM | Erstausrüster (engl. *original equipment manufacturer*) |
| PHEV | Plug-in Hybridfahrzeug (engl. *plug-in hybrid electric vehicle*) |
| Pkw | Personenkraftwagen |
| PMSM | Permanentmagnet-Synchronmaschine (engl. *permanent-magnet synchronous motor*) |
| PWR | Pulswechselrichter |
| RLS | Straßenlastsimulation (engl. *road load simulation*) |
| RMSE | Wurzel des mittleren quadratischen Fehlers (engl. *root mean squared error*) |
| SiC | Siliziumkarbid |
| SMG | Sequentielles manuelles Getriebe |

| | |
|---|---|
| SOC | Batterieladezustand (engl. *state of charge*) |
| SRM | Schalt-Reluktanzmaschine (engl. *switched reluctance machine*) |
| SRS | Schub-Rück-Schaltung |
| SynRM | Synchron-Reluktanzmaschine (engl. *synchronous reluctance machine*) |
| TCU | Getriebesteuergerät (engl. *transmission control unit*) |
| UNECE | Wirtschaftskommission der Vereinten Nationen für Europa (engl. *United Nations Economic Commission for Europe*) |
| US06 | Supplemental Federal Test Procedure |
| WLTC | Worldwide harmonized Light Vehicles Test Cycle |
| ZF | ZF Friedrichshafen AG |

# Symbolverzeichnis

| | Griechische Buchstaben | |
|---|---|---|
| $\alpha_{\mathrm{Schub}}$ | Prozentuale Ausnutzung des generatorischen Drehmoments der Antriebsmaschine | % |
| $\alpha_{\mathrm{Zug}}$ | Prozentuale Ausnutzung des motorischen Drehmoments der Antriebsmaschine | % |
| $\eta_{Get}$ | Wirkungsgrad Getriebe | - |
| $\eta$ | Wirkungsgrad | - |
| $\mu$ | Haftreibungskoeffizient | - |
| $\omega$ | Winkelgeschwindigkeit | rad/s |
| $\Theta$ | Motorlast | % |
| $\theta$ | Fahrbahnneigung in Grad | ° |

| | Indizes |
|---|---|
| dyn | Dynamisch |
| mech | Mechanisch |
| norm | Normiert |

| | Lateinische Buchstaben | |
|---|---|---|
| $A$ | Fläche | $\mathrm{m}^2$ |
| $c_{\mathrm{R}}$ | Rollwiderstandskoeffizient | - |
| $c_{\mathrm{v}}$ | Spezifische Wärmekapazität (isochor) | - |
| $c_{\mathrm{W}}$ | Strömungswiderstandskoeffizient | - |
| $d_{\mathrm{Welle}}$ | Dämpfung einer Welle | $\mathrm{Nm} \cdot \mathrm{s}$ |
| $E_{\mathrm{m}}$ | ISO/TS 18571 Magnitude Fehlermetrik | - |
| $E_{\mathrm{p}}$ | ISO/TS 18571 Phase Fehlermetrik | - |
| $E_{\mathrm{RMSE}}$ | Fehlerwert RMSE | - |
| $E_{\mathrm{s}}$ | ISO/TS 18571 Slope Fehlermetrik | - |
| $E_{\mathrm{schalt}}$ | Definierte, pauschale Schaltpenalisierung pro Schaltvorgang der Fahrzeugsimulation | J |
| $F_{\mathrm{AW}}$ | Anströmungswiderstandskraft | N |
| $F_{\mathrm{Brems}}$ | Bremswiderstandskraft | N |

| | | |
|---|---|---|
| $F_{FW}$ | Fahrwiderstandskräfte | N |
| $f_g$ | 3-dB-Grenzfrequenz | Hz |
| $F_{HA}$ | Hangabtriebskraft | N |
| $F_{Luft}$ | Luftwiderstandskraft | N |
| $f_n$ | Netzfrequenz | Hz |
| $F_{Roll}$ | Rollwiderstandskraft | N |
| $f_s$ | Abtastrate | Hz |
| $F_x$ | Kraft in fahrzeugseitiger x-Richtung | N |
| $I_{Bat}$ | Batteriestrom | A |
| $I_d$ | D-Strom | A |
| $I_E$ | Erregerstrom | A |
| $i_{ges}$ | Gesamtübersetzungsverhältnis | - |
| $I_k$ | Kurzschlussstrom | A |
| $I_q$ | Q-Strom | A |
| $J_{eq}$ | Rotorseitige äquivalente Massenträgheit | $kg \cdot m^2$ |
| $k_{Welle}$ | Torsionssteifigkeit einer Welle | Nm/rad |
| $M$ | Speicherbedarf | bit |
| $M_A$ | Anlaufdrehmoment | Nm |
| $M_B$ | Basisdrehmoment | Nm |
| $M_{Brems}$ | Bremsdrehmoment | Nm |
| $m_{eff}$ | Äquivalente Masse | kg |
| $m_{Fzg}$ | Fahrzeuggewicht | kg |
| $M_{Gen}$ | Generatorisches Drehmoment | Nm |
| $M_k$ | Kippmoment | Nm |
| $M_L$ | Raddrehmoment links | Nm |
| $M_{max}$ | Maximales Drehmoment | Nm |
| $M_{out,EM}$ | Ausgangsdrehmoment elektrische Maschine | Nm |
| $M_{out,Get}$ | Ausgangsdrehmoment Getriebe | Nm |
| mpg | Meilen pro US-Gallone Kraftstoff | mpg |
| $M_R$ | Raddrehmoment rechts | Nm |
| $M_{Rad}$ | Raddrehmoment | Nm |
| $N$ | Signallänge | - |
| $n$ | Drehzahl | $min^{-1}$ |
| $n_0$ | Leerlaufdrehzahl | $min^{-1}$ |
| $n_B$ | Basisdrehzahl | $min^{-1}$ |
| $n_{Eck}$ | Eckdrehzahl | $min^{-1}$ |
| $n_F$ | Feldschwächedrehzahl | $min^{-1}$ |
| $n_k$ | Kippdrehzahl | $min^{-1}$ |

| | | |
|---|---|---|
| $n_{max}$ | Maximaldrehzahl | $min^{-1}$ |
| $n_{syn}$ | Synchrondrehzahl | $min^{-1}$ |
| $P$ | Leistung | W |
| $p$ | Polpaarzahl | - |
| $P_{ab,Bat}$ | Abgegebene elektrische Leistung der Batterie | W |
| $P_{Bat}$ | Elektrische Leistung der Batterie | W |
| $P_{Brems,mech}$ | Mechanische Bremsleistung | W |
| $P_{el}$ | Elektrische Verlustleistung | W |
| $P_{max}$ | Maximale Leistung | W |
| $P_{mech}$ | Mechanische Leistung | W |
| $P_{out,Get}$ | Ausgangsleistung Getriebe | W |
| $P_{Rek}$ | Rekuperationsleistung | W |
| $P_{Rek,max}$ | Maximal mögliche Rekuperationsleistung | W |
| $P_V$ | Verlustleistung | W |
| $P_{V,Bat}$ | Elektrische Verlustleistung der Batterie | W |
| $R$ | Rekuperationsquote | % |
| $R_i$ | Innenwiderstand einer Batterie | Ohm |
| $R_{ISO18571}$ | ISO/TS 18571 Gesamtbewertung | - |
| $r_{Reifen}$ | Reifenradius | m |
| $S$ | Sperrwert | % |
| $T$ | Temperatur | °C |
| $T$ | Periodendauer | s |
| $t$ | Zeit | s |
| $U_{Klemme}$ | Klemmenspannung einer Batterie | V |
| $V$ | Volumen | $m^3$ |
| $v$ | Geschwindigkeit | m/s |
| $v_{max}$ | Maximale Fahrzeuggeschwindigkeit | m/s |
| $v_x$ | Fahrzeuggeschwindigkeit in x-Richtung | m/s |
| $W$ | Arbeit | J |
| $w_m$ | ISO/TS 18571 Gewichtung Magnitude Fehlermetrik | - |
| $w_p$ | ISO/TS 18571 Gewichtung Phase Fehlermetrik | - |
| $w_s$ | ISO/TS 18571 Gewichtung Slope Fehlermetrik | - |
| $W_{sync}$ | Synchronisierungsarbeit | J |
| $w_Z$ | ISO/TS 18571 Gewichtung Corridor Fehlermetrik | - |
| $Z$ | ISO/TS 18571 Corridor Fehlermetrik | - |

# Kurzfassung

Diese Arbeit untersucht, in welchem Ausmaß und unter welchen Randbedingungen die Kombination aus einem mehrstufigen Getriebe und einer zustandsbasierten Betriebsstrategie ohne prädiktive Elemente die elektrische Energieeffizienz und die Fahrleistungen eines batterieelektrischen Antriebsstrangs gegenüber einer einstufigen Referenz steigern kann. Ausgangspunkt ist die Fragestellung, ob die bei einem Mehrganggetriebe zusätzlich auftretenden Schalt- und Getriebeverluste durch eine günstigere Wahl der Betriebspunkte überkompensiert werden können. Die zentrale Hypothese lautet, dass ein Betrieb der elektrischen Maschine näher am Wirkungsgradoptimum im Zugbetrieb sowie eine erhöhte Rekuperationsquote im Schubbetrieb energetische Vorteile ermöglichen, die über die Verluste der zusätzlichen mechanischen Komponenten hinausgehen. Gleichzeitig wird untersucht, inwiefern die zusätzlichen Übersetzungsstufen auch fahrdynamische Zielgrößen wie Beschleunigung, Elastizität und erreichbare Höchstgeschwindigkeit verbessern können.

Hierzu wird ein physikalisch fundiertes Gesamtfahrzeugmodell in Simulink aufgebaut und gegen Prüfstandsmessdaten validiert. Das Modell bildet die wesentlichen Komponenten eines batterieelektrischen Antriebsstrangs ab und erlaubt die Bewertung von Energieflüssen, Verlusten und Fahrleistungen in repräsentativen Fahrprofilen. Die Validierung folgt regulatorischen Kriterien und ergänzt diese durch Kenngrößen nach ISO/TS 18571 [38], um die Modellgüte abzusichern. Dadurch wird gewährleistet, dass die anschließenden Untersuchungen nicht auf einem rein idealisierten Simulationsansatz beruhen, sondern auf einem gegenüber Messdaten plausibilisierten Bewertungsrahmen. Auf dieser Grundlage werden zunächst Voruntersuchungen durchgeführt, um das theoretische Potenzial mehrstufiger Übersetzungen im Zug- und Schubbetrieb einzuordnen.

Die Betriebsstrategie wird als Mealy-Zustandsautomat in Stateflow mit getrennten Superstates für den motorischen und generatorischen Betrieb umgesetzt. Diese Trennung erlaubt es, die unterschiedlichen Zielsetzungen beider Betriebsarten gezielt abzubilden. Im Zugbetrieb erfolgt die Gangwahl über die Minimierung einer arbeitspunktbezogenen Kostenfunktion, welche die Wirkungsgrade der relevanten Antriebsstrangkomponenten sowie eine pauschale Schaltpenalisierung berücksichtigt. Hysterese, Filter und Mindestverweildauern stabilisieren die Entscheidung und verhindern unnötig häufige Schaltvorgänge sowie Schaltpendeln. Im Schubbetrieb sorgt eine gegenüber dem Stand der Technik modifizierte Gangpriorisierung für eine rekuperationsgünstige Wahl. Ergänzt wird diese durch Plausibilitätsprüfungen, Mode-Transition-Grenzen und einen ausfallsicheren Betrieb, sodass auch Übergänge zwischen Zug- und Schubbetrieb sowie geringe Lastanforderungen robust behandelt werden.

Zur Kalibrierung der Betriebsstrategie wird eine systematische Parameterstudie durchgeführt. Dabei werden unter anderem Schaltkennlinien, Rückschalthysteresen, Mindestlasten, motorische und generatorische Mindestverweildauern, Filterparameter sowie Größen der Gangpriorisierung variiert. Eine Sensitivitätsanalyse macht die Wirkung der Parameter auf elektrische Energieeffizienz und Schalthäufigkeit transparent. Es zeigt sich, dass viele Parameter die Anzahl der Schaltvorgänge stärker beeinflussen als den Energieverbrauch. Daraus folgt, dass eine robuste Applikation nicht allein auf minimale Energieaufnahme optimiert werden darf, sondern stets auch Schaltaktivität, Dynamik, Stabilität und Komfort berücksichtigen muss. Der resultierende Parametersatz stellt daher einen Kompromiss aus Effizienzsteigerung und beherrschbarem Schaltverhalten dar.

Die Simulationsergebnisse zeigen, dass die entwickelte Betriebsstrategie in allen betrachteten Fahrzyklen eine geringere elektrische Energieaufnahme erzielt als feste Gangwahlvarianten. Auch gegenüber der jeweils verbrauchsgünstigsten festen Übersetzung wird in den betrachteten Zyklen eine Verbesserung erreicht. Damit beruht der Vorteil nicht nur auf einer günstig gewählten Gesamtübersetzung, sondern auf der situationsabhängigen Nutzung mehrerer Übersetzungsstufen. Besonders ausgeprägt ist der Nutzen in Fahrprofilen mit häufig wechselnden Betriebspunkten und relevanten Rekuperationsanteilen. In hochdynamischen Profilen mit großen Leistungsanforderungen fällt der relative Vorteil geringer aus, da die Gangwahl dort stärker durch Leistungs- und Drehzahlgrenzen bestimmt wird. Zusätzlich bestätigt ein real aufgezeichneter Fahrzyklus mit Autobahn-, Überland-, Stau- und Stadtanteilen die Übertragbarkeit der kalibrierten Strategie auf einen praktischen Einsatzfall.

Neben der Energieeffizienz verbessern sich auch fahrdynamische Zielgrößen. Kürzere untere Übersetzungen erhöhen das verfügbare Radzugmoment bei niedrigen Geschwindigkeiten, während längere obere Übersetzungen günstigere Betriebspunkte bei hohen Geschwindigkeiten ermöglichen. Dadurch ergeben sich Vorteile bei Beschleunigung, Elastizität und Endgeschwindigkeit. Gleichzeitig wird deutlich, dass reale Fahrleistungsgewinne durch Traktionsgrenzen und fahrzeugseitige Randbedingungen begrenzt werden können. Die Strategie muss daher energetische, dynamische und mechanische Anforderungen gemeinsam berücksichtigen.

Die Arbeit leistet damit drei Beiträge: einen validierten, wiederverwendbaren Simulations- und Bewertungsrahmen für BEV-Mehrgangkonzepte, ein echtzeitfähiges, strikt zustandsbasiertes Strategiekonzept mit klarer Trennung von Zug- und Schubbetrieb sowie eine Kalibrier- und Analysemethodik zur robusten Parametrierung. Insgesamt zeigt die Arbeit, dass mehrstufige Getriebe in batterieelektrischen Personenkraftwagen trotz zusätzlicher Verluste einen energetischen und fahrdynamischen Mehrwert bieten können, wenn die verfügbaren Freiheitsgrade durch eine geeignete Betriebsstrategie systematisch genutzt werden.

# Abstract

This thesis investigates to what extent, and under which boundary conditions, the combination of a multi-speed transmission and a state-based operating strategy without predictive elements can improve the electrical energy efficiency and vehicle performance of a battery-electric powertrain compared with a single-speed reference. The central hypothesis is that the additional shifting and gearbox losses can be more than offset by operating the electric machine closer to its efficiency optimum in traction mode and by achieving a higher recuperation rate in generation mode. The work therefore addresses whether the mechanical and control-related complexity of additional gear ratios can be justified by measurable energetic and dynamic benefits.

Battery-electric vehicles are commonly equipped with single-speed transmissions because electric machines provide high torque from low rotational speeds and can operate over a wide speed range. This simplicity reduces cost, package space, mechanical losses, and control complexity. At the same time, however, a fixed transmission ratio restricts the available operating points of the electric machine and the power electronics. A given vehicle speed and wheel torque demand must always be realized at a single machine speed and torque combination determined by the fixed ratio. Depending on the operating condition, this can force the drivetrain into less favorable regions of its efficiency map. Aimulti-speed transmission introduces additional degrees of freedom by allowing the same wheel-side operating point to be represented by different machine-side operating points. These degrees of freedom can be used to reduce electrical losses, increase recuperation potential, and improve vehicle performance, provided that gear selection is performed appropriately.

The motivation for this work is therefore not merely the addition of a mechanical transmission stage, but the systematic exploitation of the operating-point flexibility created by the transmission. In traction mode, a suitable gear ratio can shift the permanent-magnet synchronous machine and its inverter toward operating regions with lower losses. In generation mode, the selected gear influences the achievable recuperation torque and the relationship between the wheel-side braking demand and the limits of the electric machine. These potential benefits are opposed by gearbox losses, shifting losses, actuation effort, and the risk of excessive shifting activity. Consequently, the multi-speed transmission and its operating strategy are treated as an integrated system. The aim is not only to demonstrate isolated efficiency gains, but to evaluate whether such a concept can be calibrated robustly across different driving conditions while maintaining acceptable shift behavior.

The research question is answered using a simulation-based approach. A physics-based full-vehicle model is built in Simulink/Simscape and parameterized as a representative battery-electric passenger car. The model includes the longitudinal vehicle dynamics, road-load forces, battery, power electronics, electric machine, transmission, and the relevant energetic interfaces between these components. It is used to evaluate standardized driving cycles, representative driving situations, and vehicle-performance scenarios. This enables a consistent analysis of electrical energy consumption, recuperated energy, shift frequency, acceleration, elasticity, gradeability, and maximum speed.

A key requirement for the subsequent evaluation is the credibility of the vehicle model. For this reason, the simulation is validated against test-bench measurements. The validation follows regulatory criteria and is supplemented with metrics according to ISO/TS 18571 [38]. These metrics allow the agreement between simulation and measurement to be assessed with respect to corridor, phase, magnitude, and slope behavior, rather than only by simple error values. The comparison includes wheel and motor speeds, input and output powers, and wheel-side and machine-side torques. The validation results show very high agreement for the speed signals and good to very good agreement for power and torque signals. This provides a robust basis for the later analysis of energetic effects and performance improvements.

The investigated driving cycles cover a broad range of operating conditions. Standardized cycles such as Worldwide harmonized Light Vehicles Test Cycle (WLTC), Neuen Europäischen Fahrzyklus (NEFZ), Federal Test Procedure 75 (FTP-75), Highway Fuel Economy Test (HWFET), Supplemental Federal Test Procedure (US06), and ARTEMIS represent urban, mixed, highway, and highly dynamic driving profiles. Urban and transient cycles contain frequent acceleration and deceleration phases and therefore offer substantial potential for both operating-point optimization and recuperation. Highway-oriented cycles contain longer phases at higher speeds, where the influence of the transmission ratio differs significantly from low-speed operation. Highly dynamic cycles place stronger emphasis on power and torque limits. By evaluating the strategy across these cycles, the thesis assesses whether the proposed calibration is specific to one driving profile or transferable across a broader range of operating conditions.

Before the final operating strategy is implemented, preliminary investigations are carried out to estimate the potential of multi-speed transmission concepts in traction and generation mode. These investigations show that the benefit of additional gear ratios depends strongly on the location of the operating points within the efficiency maps of the electric machine, inverter, and transmission. In traction mode, the potential advantage arises from selecting a ratio that reduces the electrical energy required for a given wheel-side demand. In generation mode, the potential arises from selecting a ratio that increases the amount of braking power converted into electrical energy instead of being dissipated by the mechanical brake. The preliminary studies also show that the best fixed ratio is not necessarily identical for all cycles and operating conditions. This motivates a state-based strategy that changes the active gear depending on the current driving state.

The operating strategy is implemented as a Mealy finite-state machine in Stateflow. It consists of separate superstates for traction and generation, each containing gear-specific states. This structure reflects the fact that the objectives and constraints in propulsion and recuperation differ fundamentally. In traction mode, the main goal is to satisfy the driver's torque or power demand while minimizing the electrical energy required by the drivetrain. In generation mode, the main goal is to maximize usable recuperation while maintaining stable and plausible transitions between operating states. Since the output of a Mealy automaton depends on both the current state and the current input variables, the concept is suitable for real-time operation without predictive route, traffic, or road-grade information.

In traction mode, gear selection is based on shift lines derived from the minimization of the operating-point-specific energy consumption. For a grid of vehicle speeds and wheel torque demands, the wheel-side operating point is transformed into the corresponding virtual operating point of the electric machine for each available gear. The resulting drivetrain efficiency, consisting of the electric machine, power electronics, and gearbox, is evaluated while respecting the speed and torque limits of the electric machine. From this, the required input power relative to the delivered wheel power is determined as a specific energy-consumption metric, analogous to the specific fuel-consumption approach used for conventional powertrains. The upshift line between two adjacent gears is placed at the vehicle speed and load condition at which the higher gear first exhibits a lower specific energy consumption than the currently engaged gear. The downshift lines are subsequently derived by applying a hysteresis to the corresponding upshift lines. During online operation, the calibrated shift lines therefore determine the requested gear rather than repeatedly solving an optimization problem with an explicit shift penalty. Low-pass filtering, hysteresis, minimum dwell times, and minimum-load conditions stabilize the decision and suppress unnecessary shifts in operating regions with limited energetic benefit.

In generation mode, the strategy differs from conventional traction-oriented shift maps. Recuperation depends on the ability of the electric machine and inverter to absorb mechanical power from the wheels under the current speed and torque constraints. The thesis therefore uses a gear-prioritization scheme modified relative to existing approaches. The available gears are evaluated with respect to their recuperation-favorable behavior, and a priority factor stabilizes the decision to avoid undesirable gear changes during braking. Plausibility checks, mode-transition limits, and fail-safe behavior ensure that the strategy remains well-defined during transitions between traction and generation, at operating boundaries, and under conditions where a shift should be prevented. The strict separation of traction and generation superstates makes the strategy interpretable and calibratable, while the transition logic accounts for the coupling caused by the currently engaged gear.

The calibration of the operating strategy is performed through a systematic parameter study. The varied parameters include shift-map characteristics, downshift hysteresis, speed-dependent priority factors, breakpoints of the priority function, minimum loads for shifting, minimum dwell times in traction and generation, mode-transition limits, and filter cut-off frequencies. For each parameter variation, electrical energy consumption and shift frequency are evaluated. The aim is not to minimize one single metric in isolation, but to identify a robust calibration that balances efficiency, shifting activity, and dynamic behavior. This reflects the practical nature of drivetrain calibration, where a strategy that is marginally more efficient but causes excessive shifting would not be acceptable.

The parameter study is evaluated using sensitivity analysis. The results show that the relative influence of many parameters on the number of shifts is larger than their influence on electrical energy consumption. This indicates that the calibration of a multi-speed battery-electric powertrain cannot be judged solely by consumption values. Several parameters primarily shape drivability and robustness, even if their direct effect on energy consumption appears small. The generation-mode minimum dwell time is identified as a particularly influential parameter because gear selection during recuperation is less strictly determined by fixed shift lines than in traction mode. Additional damping and prioritization mechanisms are therefore required to avoid shift hunting while maintaining sufficient dynamic response. The final parameter set is selected because it yields a stable and interpretable compromise between consumption, dynamics, and shift behavior.

The energy-efficiency results demonstrate that the developed operating strategy consistently reduces electrical energy consumption compared with fixed-gear variants. The reductions differ depending on the cycle because the operating-point distribution, recuperation share, and dynamic requirements vary significantly.

To separate the influence of recuperation from the influence of the traction-mode gear strategy, several reference cases are evaluated. In the WLTC, the best fixed-gear reference with recuperation requires 14.68 kWh/100 km. When recuperation is disabled and only mechanical braking is used, the consumption increases to 19.26 kWh/100 km. With the calibrated multi-speed operating strategy, the consumption is reduced to 14.12 kWh/100 km. When recuperation is disabled for the multi-speed strategy, the consumption is 18.78 kWh/100 km. This comparison shows that recuperation has a dominant influence on the total energy balance, while the traction-mode component of the multi-speed strategy still contributes independently to the reduction in energy demand.

In addition to standardized cycles, the thesis evaluates a real recorded driving profile referred to as the Fürfeld-Stuttgart cycle. This profile was recorded using an OBD data logger at a sampling rate of 1 Hz and includes a route from the Esso fuel station in Fürfeld to a residential area in Stuttgart-Vaihingen. It contains highway sections with partially unrestricted speeds, congestion, rural-road segments, and urban driving. The purpose of this cycle is to assess whether the strategy calibrated using standardized cycle information remains effective in a more practical and less idealized driving profile. The results confirm this transferability. In the Fürfeld-Stuttgart cycle, the calibrated multi-speed strategy reduces consumption from 19.96 kWh/100 km in the reference case to 19.53 kWh/100 km, corresponding to an improvement of 2.2 %. When recuperation is disabled, consumption increases in both cases, but the multi-speed strategy remains favorable compared with the corresponding fixed-gear case.

The analysis of the operating points further supports the generalization of the method. The shift decisions in traction mode are based on a cost function generated over the considered matrix of vehicle speeds and wheel torques for each gear. In generation mode, the observer used to evaluate drivetrain efficiency considers the available virtual gear states over the relevant operating-point range. The additional functions optimized in the parameter study act over the full operating range, although the heuristic optimization itself is performed using only a subset of possible operating points. The positive results in the Fürfeld-Stuttgart cycle therefore indicate that the strategy is not merely overfitted to one synthetic cycle, but remains effective for operating points that were not explicitly central to the calibration.

The vehicle-performance analysis shows that the multi-speed concept also improves dynamic target values. Shorter lower gears increase the available wheel torque at low vehicle speeds and therefore improve launch and acceleration behavior. Longer upper gears allow higher vehicle speeds without forcing the electric machine into unfavorable or limiting operating regions. The investigations show that acceleration benefits from shorter total ratios until traction limits, available power, or speed-dependent torque limits become dominant. Elasticity is also improved because the strategy can select a gear that provides a more favorable relationship between vehicle speed, machine speed, and available wheel torque. Gradeability benefits from shorter ratios for the same reason, although the maximum practically usable tractive force remains bounded by tire-road friction, rolling resistance, aerodynamic drag, and drivetrain power limits.

The thesis also defines the limitations of the presented approach. Detailed shift transients are not modeled explicitly; instead, shifting effort is represented by a lumped energetic penalty. Thermal effects are outside the main scope and would need to be investigated in subsequent hardware validation, especially for sustained high-load scenarios. The strategy deliberately does not use predictive information such as road grade, navigation data, speed limits, or traffic information. This restriction is intentional because it demonstrates the potential of a strictly state-based and real-time-capable strategy. Predictive information could further improve the result, but the thesis shows that measurable benefits are already achievable without it.

The generalization of the method is based on two main observations. First, the strategy evaluates the drivetrain over a broad operating-point space in both traction and generation mode. Second, the calibrated parameter set produces positive results in multiple standardized cycles and in a real recorded driving profile. The method is therefore not tied to one specific driving cycle, one fixed operating condition, or one isolated performance metric. It is also not fundamentally tied to a specific number of gears or to the exact vehicle configuration used in the thesis. The required prerequisites are a validated vehicle simulation and suitable loss maps for the drivetrain components. If these are available, the same methodological framework can be applied to other multi-speed battery-electric drivetrain concepts and used for design, evaluation, and calibration.

Overall, the developed operating strategy consistently achieves lower electrical energy consumption than fixed-gear selection variants while simultaneously improving vehicle-dynamics targets, without causing unacceptably high shifting activity. The results confirm the central hypothesis of the thesis: the additional losses introduced by a multi-speed transmission can be overcompensated by a more favorable operating-point selection in traction mode and by improved recuperation behavior in generation mode. The magnitude of the benefit depends on the driving cycle, the operating-point distribution, the recuperation share, and the dynamic boundary conditions. The greatest benefits are obtained when the driving profile contains frequent changes in operating point and relevant recuperation phases.

The work thus makes three contributions. First, it provides a validated and reusable simulation and evaluation framework for multi-gear battery-electric powertrain concepts. This framework allows energy consumption, recuperation, shifting behavior, and performance to be assessed consistently. Second, it develops a real-time-capable, strictly state-based operating strategy concept with a clear separation of traction and generation mode. The strategy combines efficiency-oriented gear selection, stabilizing mechanisms, generation-mode prioritization, plausibility checks, mode-transition limits, and fail-safe behavior within a structured Stateflow implementation. Third, it presents a calibration and analysis methodology for robust parameterization. The systematic parameter study and sensitivity analysis make parameter interactions transparent and support the selection of a balanced calibration set. Together, these contributions show that multi-speed transmissions in battery-electric passenger cars can provide energetic and dynamic advantages when their additional degrees of freedom are exploited by an appropriately designed operating strategy.

# 1 Einleitung

## 1.1 Motivation und Ziele

Verbrennungsmotorische Fahrzeuge (engl. *internal combustion engine vehicles*) (ICEVs) profitieren seit über 100 Jahren vom technischen Fortschritt in Form einer Reduktion ihrer Verbrennungsemissionen sowie einer Steigerung ihres Wirkungsgrads. Diese Effizienzsteigerungen werden jedoch zunehmend kleiner und als Konsequenz daraus nähert sich der Wirkungsgrad von modernen Otto- und Dieselmotoren ihrem jeweiligen theoretischen Maximum [16]. Zudem stellt die Einhaltung geltender und zukünftiger Abgasnormen eine enorme Herausforderung dar und es zeichnet sich ab, dass der Verkauf von neuen ICEVs in den 2030er-2040er Jahren in großen Teilen der Welt verboten wird [12]. Hinzu kommt, dass die Umwandlung von elektrischer in mechanische Energie in elektrifizierten Antriebssträngen mit anteilig deutlich weniger Verlusten behaftet ist als die Umwandlung von chemischer zu mechanischer Energie in verbrennungsmotorischen Antriebssträngen [2]. Dies begünstigt die Entwicklung batterieelektrischer Fahrzeuge (engl. *battery electric vehicles*) (BEVs) durch die Weltkonzerne der Automobilindustrie. Doch die Elektromobilität ist keine neue Disziplin. Elektrische Antriebe wurden bereits Ende des 19. Jahrhunderts als Alternative zu Dampf- und Verbrennungsmotoren entwickelt und erfreuten sich besonders in den Jahren 1896-1912 großer Beliebtheit. Während die Reichweite und Kosten der damaligen BEVs eine erhebliche Limitation darstellten und schlussendlich dazu führten, dass BEVs von ICEVs vom Markt verdrängt wurden, sind diese Faktoren bei der heutigen Elektromobilität zwar wiederzufinden, jedoch weitaus weniger drastisch ausgeprägt. [42] Was schlussendlich zur Renaissance der Elektromobilität geführt hat, sind zum einen Umweltaspekte in der Form einer Reduktion von Treibhausgasemissionen sowie technische Fortschritte in dem Fachgebiet der elektrischen Maschinen sowie deren Peripherie, insbesondere der Batterietechnologie, Leistungselektronik und der Verfügbarkeit von Elektronikkomponenten mit steigender Rechenleistung bei gleichzeitig fallenden Kosten. Da die moderne Elektromobilität eine noch sehr junge Disziplin des Fahrzeugwesens darstellt und der flächendeckende Einsatz von elektrischen Antriebssträngen mit enormen Herausforderungen verbunden ist, liegt die Vermutung nahe, dass das


M. Jaksch, *Betriebsstrategien für batterieelektrische Personenkraftwagen mit mehrstufigen Getrieben*, Wissenschaftliche Reihe Fahrzeugtechnik Universität Stuttgart, https://doi.org/10.1007/978-3-658-52610-8_1

Optimierungspotenzial von BEV-Antriebssträngen im Hinblick auf deren Effizienz und Fahrleistungen noch nicht vollständig ausgereizt ist. Besonders die Thematik der Verwendung mehrstufiger Getriebe wird in der wissenschaftlichen Literatur aufgrund des breiten Drehzahlbands und der hohen Verfügbarkeit des Drehmoments bereits ab geringen Drehzahlen oft als nicht notwendig deklariert [44][70]. Dabei wird außer Acht gelassen, dass die Verwendung eines mehrstufigen Getriebes in einem BEV-Antriebsstrang mit Permanentmagnet-Synchronmaschinen (engl. *permanent-magnet synchronous motors*) (PMSMs) Vorteile im Zug- und Schubbetrieb hervorbringen und durch die zusätzlichen Fahrstufen Freiheitsgrade entstehen, welche in Verbindung mit einer optimierten Betriebsstrategie zu einer Effizienz- sowie Fahrleistungssteigerung führen können.

## 1.2 Forschungsfrage

Diese Arbeit untersucht, in welchem Ausmaß und unter welchen Randbedingungen die Kombination aus mehrstufigem Getriebe und einer angepassten Betriebsstrategie die elektrische Energieeffizienz und die Fahrleistungen eines Fahrzeugs mit BEV-Antriebsstrangs gegenüber einer einstufigen Referenz steigern kann. Im Mittelpunkt steht die Frage, ob die mit einem Mehrganggetriebe einhergehenden Zusatzverluste (insbesondere Schalt- und Getriebeverluste) durch folgende Effekte überkompensiert werden: einen Betrieb der elektrischen Maschine näher am Wirkungsgradoptimum während des Zugbetriebs und eine erhöhte Rekuperationsquote im Schubbetrieb. Hierzu wird die Hypothese geprüft, dass ein rein zustandsbasiertes, echtzeitfähiges Betriebsstrategiekonzept ohne externe Streckenkenntnis sowohl im Vortrieb als auch in der Rekuperation signifikante Effizienz- und Fahrleistungsvorteile erschließt. Die Strategie greift hierfür auf bewährte Ansätze und Bausteine aus Verbrennungskraftmaschine (engl. *internal combustion engine*) (ICE)/Plug-in Hybridfahrzeug (engl. *plug-in hybrid electric vehicle*) (PHEV)-Anwendungen zurück, die für eine Verwendung in BEVs adaptiert werden. Die Beantwortung der Forschungsfrage erfolgt auf Basis einer validierten Gesamtfahrzeugsimulation in standardisierten Fahrzyklen und repräsentativen Fahrsituationen. Bewertet werden Effizienz, rekuperierte Energie und Reichweite sowie fahrdynamische Kenngrößen wie Steigfähigkeit, Beschleunigung und Höchstgeschwindigkeit. Zudem werden Schaltqualität (Schaltzahl, Pendelneigung) und die Robustheit gegenüber variierenden Fahrzeug- und Zyklusparametern explizit berücksichtigt.

## 1.3 Aufbau der Arbeit

In Kapitel 2 wird ein Überblick über den Stand der Technik in relevanten Gebieten der Fahrzeugtechnik gegeben. Zuerst werden verschiedene, gängige Antriebsstrangtopologien im Kraftfahrzeug (Kfz) vorgestellt, anschließend werden die dazugehörigen Betriebsstrategien betrachtet. Dabei wird zwischen BEVs, PHEVs und ICEVs sowie zwischen Zug- und Schubbetrieb differenziert. Zuletzt werden die Ziele der Arbeit definiert.

Kapitel 3 umfasst die Voruntersuchungen sowie die Simulation und deren Validierung mit Hilfe von Messdaten am Fahrzeugmodell. Dort werden die Simulationsumgebung und deren Parametrierung sowie die in dieser Arbeit verwendeten Fahrzyklen vorgestellt, das für die Simulation definierte Beispielfahrzeug eingeführt und anschließend validiert. Dazu wird die Entscheidung für die in dieser Arbeit betrachtete Antriebsstrangtopologie begründet. Anschließend werden die Voruntersuchungen zu potenziellen Effizienz- und Fahrleistungssteigerungen durchgeführt.

Die Betriebsstrategie und deren Implementierung werden in Kapitel 4 beschrieben. Zunächst wird eine Abgrenzung zu existierenden Betriebsstrategien für BEVs, PHEVs und ICEVs vorgenommen. Daraufhin wird die in dieser Arbeit entworfene Betriebsstrategie vorgestellt und deren Resultate dargestellt.

Kapitel 5 leitet aus den Ergebnissen belastbare Schlussfolgerungen ab und bewertet sie im Hinblick auf die Forschungsfragen. Kapitel 6 fasst die Arbeit zusammen, generalisiert den Ansatz und gibt einen Ausblick auf weiterführende Arbeiten.

# 2 Stand der Technik

In diesem Kapitel wird auf den Stand der Technik in Bezug auf Antriebsstrangtopologien bei Kfz eingegangen. Anschließend wird eingegrenzt, welche Komponenten und somit Topologien für den Umfang dieser Arbeit relevant sind. Die bei den Topologien eingesetzten Betriebsstrategien werden ebenfalls untersucht und im Anschluss werden die Ziele für eine effizienz- und fahrleistungsorientierte Betriebsstrategie für BEVs mit mehrstufigen Getrieben definiert.

## 2.1 Gängige Antriebsstrangtopologien in Kraftfahrzeugen

Die Antriebsstrangtopologie eines Kfz beschreibt den Kraftfluss zwischen dessen Antriebseinheit und den Rädern des Fahrzeugs. Dabei können die Komponenten je nach Fahrzeugtyp und Antriebsart variieren, weshalb hier eine Übersicht über die möglichen beteiligten Komponenten gegeben wird.

**Tabelle 2.1:** Antriebsstrangkomponenten in der Übersicht

| Baugruppe | Komponente | Ausprägung |
|---|---|---|
| 1 Antriebseinheit | 1.1 Verbrennungsmotor | 1.1.1 Otto; 1.1.2 Diesel |
| | 1.2 Elektrische Maschine | 1.2.1 PMSM; 1.2.2 EESM; 1.2.3 ASM; 1.2.4 SRM |
| 2 Kraftübertragung | 2.1 Kraftschluss | 2.1.1 Kupplung; 2.1.2 Drehmomentwandler |
| | 2.2 Getriebe | 2.2.1 Handschaltgetriebe; 2.2.2 Automatikgetriebe; 2.2.3 CVT-Getriebe |
| | 2.3 Differential | 2.3.1 Offenes Differential; 2.3.2 Sperrdifferential |
| | 2.4 Kardanwelle | – |
| 3 Kraftabgabe | 3.1 Antriebswellen | – |
| | 3.2 Räder | – |
| 4 Peripherie | 4.1 Energiespeicher | 4.1.1 Batterie; 4.1.2 Kraftstofftank; 4.1.3 Brennstoffzelle |
| | 4.2 ECU & TCU | – |
| | 4.3 Leistungselektronik | – |


M. Jaksch, *Betriebsstrategien für batterieelektrische Personenkraftwagen mit mehrstufigen Getrieben*, Wissenschaftliche Reihe Fahrzeugtechnik Universität Stuttgart, https://doi.org/10.1007/978-3-658-52610-8_2

In Tabelle 2.1 sind gängige Antriebsstrangkomponenten in einer Übersicht aufgelistet. Die Liste ist nicht vollständig, jedoch lässt sich damit der Großteil aller Kfz darstellen. Um die Antriebsstrangtopologie eines Kfz zu beschreiben, ist zudem eine Angabe über die angetriebene(n) Achse(n) und die Position und Ausrichtung der einzelnen Komponenten notwendig. Diese Angabe wird als Fahrzeuglayout bezeichnet. Für die Zwecke dieser Arbeit genügt es, die Position der Antriebseinheit sowie die angetriebene(n) Achse(n) zu beschreiben. Dabei besteht die Information über ein Fahrzeuglayout aus zwei Buchstaben. Der erste Buchstabe gibt Aufschluss über die Position des Motors und der zweite über die angetriebene(n) Achse(n). Da BEVs unter Umständen über bis zu 4 Motoren verfügen, welche vorne, hinten einzeln oder doppelt oder an jedem Rad untergebracht werden können, wird die Definition der Antriebslayouts hier erweitert. Die Motorposition wird mit folgenden Buchstaben angegeben:

- **F:** Frontmotor
- **R:** Heckmotor
- **3:** Elektrische Vorderachse, 2 Heckmotoren
- **4:** 4 Radnabenmotoren

Die Information über die angetriebene(n) Achse(n) ist wie folgt kodiert:

- **F:** Angetriebene Vorderachse
- **R:** Angetriebene Hinterachse
- **4:** Allradantrieb

Beispiele anhand von Fahrzeugmodellen:

- **BMW 330i Baureihe E46:** Bestellbar als FR und optional F4.
- **Porsche 911 Turbo S Baureihe 992:** R4
- **Rimac Nevera:** 44
- **VW Polo Baureihe AW**: FF

Es folgen Erläuterungen der einzelnen Ausprägungen der aufgelisteten Komponenten sowie eine Einordnung, welche Komponenten aufgrund ihrer Komplexität und der für eine Betriebsstrategie vorhandenen Freiheitsgrade eine hohe Relevanz haben. Dabei hat der Begriff „Freiheitsgrade“ im Kontext von Betriebsstrategien im Automotive Bereich eine andere Definition als die Freiheitsgrade in der Mechanik oder Statistik: Die Freiheitsgrade eines Antriebsstrangs sind die verschiedenen möglichen Zustandskombinationen in Bezug auf den Energiefluss und das Energiemanagement [68].

**1.1.1 Ottomotor:** Fremdgezündete ICE, kann einzeln oder in Verbindung mit einer elektrische Maschine (EM) in einem hybriden Antriebsstrang verwendet werden. Der Ottomotor hat eine hohe Anzahl an Freiheitsgraden, vor allem in einem PHEV. Sowohl ein rein verbrennungsmotorischer als auch ein rein elektrischer Betrieb sind möglich, ebenso wie eine Lastpunktverschiebung um den Ottomotor im Bereich seines optimalen Wirkungsgrads zu halten. Dabei wird entweder überschüssige Energie in die Traktionsbatterie des PHEV geladen oder fehlende Energie aus dieser entnommen.

**1.1.2 Dieselmotor:** Selbstzündende ICE, ansonsten vgl. Ottomotor.

**1.2.1 PMSM:** Meist dreiphasige Synchronmaschine mit Permanentmagneten im Rotor. Der Rotor dreht sich im Betrieb synchron zum elektromagnetischen Drehfeld im Stator, welches mit Hilfe eines Pulswechselrichters (PWR) und dem Verfahren der Raumzeigermodulation erzeugt werden kann [71]. Die PMSM weist aufgrund der Permanentmagneten im Rotor eine höhere Drehmoment- und Leistungsdichte auf als die folgenden EM-Typen, diese verhindern allerdings einen passiven, elektrischen Freilauf durch Gegeninduktion.

In Abbildung 2.1 ist der typische qualitative Verlauf des maximal verfügbaren Drehmoments und der maximalen Leistung über der Drehzahl einer PMSM abgebildet. Die frühe Verfügbarkeit des maximalen Drehmoments und der große Drehzahlbereich sind bei der Verwendung von PMSM in Kfz von Vorteil. Theoretisch kann eine PMSM ihr motorisches $M_{\mathrm{max}}$ im Bereich $0 < n < n_{\mathrm{Eck}}$ abrufen. Dabei steigt die Leistung linear bis zur Eckdrehzahl $n_{\mathrm{Eck}}$ an und bleibt bis zur Maximaldrehzahl $n_{\mathrm{max}}$ konstant. Dieser Bereich wird Grunddrehzahlbereich genannt. Der Bereich für Drehzahlen $n_{\mathrm{Eck}} < n < n_{\mathrm{max}}$ wird als Feldschwächebereich bezeichnet. Dies rührt daher, dass das elektromagnetische Feld, welches durch Permanentmagneten im PMSM-Rotor entsteht, bei drehender Maschine eine Spannung in die Statorwicklungen induziert, welche als Gegen-elektromotorische Kraft (engl. *back electromotive force*) (back-EMF) bezeichnet wird. Bei der Eckdrehzahl $n_{\mathrm{Eck}}$ sind die back-EMF und die Ausgangsspannung des PWR im Gleichgewicht, es bleibt kein Spannungshub, um die Maschine weiter zu beschleunigen. Um dies zu bewerkstelligen wird die feldschwächende Komponente des Stroms $I_{\mathrm{d}}$ erhöht und somit ein Gegenfeld erzeugt, welches dem Rotormagnetfeld entgegenwirkt und dieses abschwächt. Dadurch wird die Spannung an der Maschine auf einem konstanten Niveau gehalten,

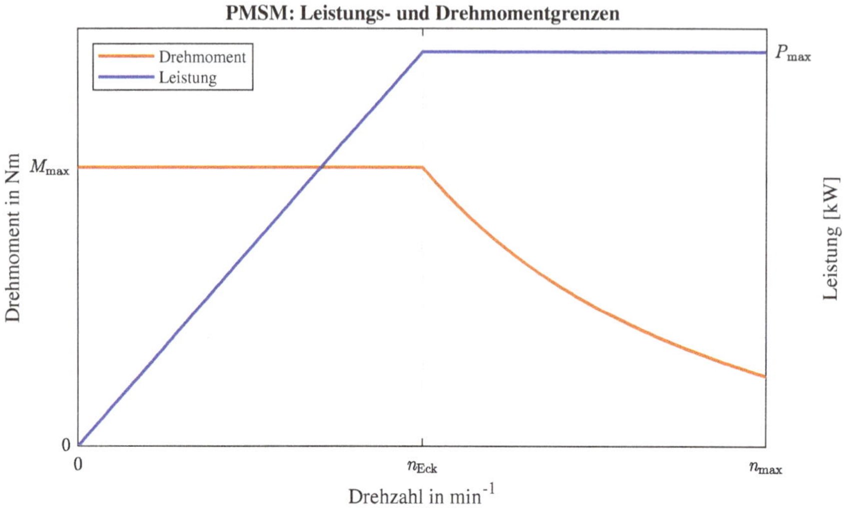


**Abbildung 2.1:** Maximal verfügbares Drehmoment und maximal verfügbare Leistung über der Drehzahl für eine PMSM im motorischen Betrieb

erh

um die maximale Spannung des PWR nicht zu überschreiten. Da die back-EMF mit steigenden Drehzahlen zunimmt, muss die wirksame Flussverkettung durch ein dem Rotorfluss entgegengesetztes Statorfeld geschwächt werden. Das verfügbare Drehmoment nimmt im Feldschwächebereich ab, da dieses proportional zum magnetischen Fluss und der drehmomentbildenden Komponente des Stroms $I_q$ ist. Auf Fahrzeugebene hängt $n_{Eck}$ von der Spannung der Hochvolt (HV)-Batterie ab. Sättigungseffekte im Statorblechpaket führen zu einem geringeren Wirkungsgrad als im Grunddrehzahlbereich. Ebenfalls nicht außer Acht zu lassen ist die Überlastfähigkeit von PMSM, welche bauartbedingt höher ausfällt und länger andauern kann als bei der Asynchronmaschine (engl. *induction motor*) (ASM) [54].

**1.2.2 Fremderregte Synchronmaschine (engl. *externally excited synchronous motor*) (EESM):** Synchron laufende EM mit Kupferwicklungen anstelle von Permanentmagneten im Rotor, welche über einen Schleifring oder rotierenden Transformator bestromt werden. Die Leistungsdichte und der Wirkungsgrad sind aufgrund der Notwendigkeit zur Aufwendung von Energie zur Erzeugung des Rotorfelds geringer als bei PMSM. Das Drehzahl/Drehmoment-Diagramm entspricht qualitativ dem einer PMSM, siehe Abbildung 2.1. Unterschiede zur PMSM ergeben sich durch die Möglichkeit, das Rotordrehfeld flexibel anpassen zu können. So kann ein elektrischer Freilauf ermöglicht und die Feldschwächung direkt durch eine Reduktion des Erregerstroms $I_E$ erreicht werden, was zu geringeren Verlusten bei hohen Drehzahlen im Vergleich zur PMSM führt. [19]

**1.2.3 ASM:** Asynchron laufende EM mit kurzgeschlossenen Leiterstäben im Rotor. Permanentmagnete kommen bei diesem Maschinentyp nicht zum Einsatz. Durch das Bestromen der Statorwicklungen einer Asynchronmaschine wird ein rotierendes Magnetfeld erzeugt, welches im Rotor durch elektromagnetische Induktion Spannungen und Ströme induziert. Dies führt zu einer Wechselwirkung der beiden elektromagnetischen Felder und damit zu einem Drehmoment im Luftspalt der ASM. Der Betrieb von ASM kann an einem starren Netz erfolgen, dabei stellt sich in Abhängigkeit von $f_n$ und $p$ die Drehzahl nach Gl. 2.1 ein.

$$n_0 = \frac{f_n}{p} [min^{-1}] \qquad \text{Gl. 2.1}$$

Im motorischen Betrieb dreht sich der Rotor mit einer geringeren Frequenz als das Statordrehfeld, im generatorischen Betrieb mit einer höheren. Diese Drehzahldifferenz wird Schlupf genannt und nach Gl. 2.2 berechnet.

$$S = \frac{n_0 - n}{n_0} [\%] \qquad \text{Gl. 2.2}$$

Wenn die Statorwicklungen nicht bestromt werden, kann eine ASM im Gegensatz zu einer PMSM im Freilauf betrieben werden. Dies kann in bestimmten Fahrsituationen einen Effizienzvorteil darstellen und die ASM kann somit komplett von einer Achse entkoppelt werden, was bei Kfz mit mehr als einem Motor eine Fahrleistungssteigerung mit minimalem Mehrverbrauch ermöglicht.

In Abbildung 2.2 ist der typische qualitative Verlauf des maximal verfügbaren Drehmoments und der maximalen Leistung in Abhängigkeit der Drehzahl einer ASM dargestellt. Charakteristisch hierbei ist das Anlaufmoment $M_A > 0\,\text{Nm}$, welches bei einer Drehzahl von $n = 0\,\text{min}^{-1}$ auftritt. Dieses Verhalten lässt sich dadurch erklären, dass eine ASM im Stillstand wie ein Transformator arbeitet. Bei der Drehzahl $n_k$ wird das sogenannte Kippmoment $M_k$ erreicht. Drehzahlen zwischen $n_k < n < n_0$ befinden sich im Feldschwächebereich. Dort fällt das maximale Drehmoment rapide ab, da die Asynchronmaschine aufgrund des sinkenden Rotorstroms und der geringeren magnetischen Kopplung nicht mehr in der Lage ist, das maximale Drehmoment aufrechtzuerhalten. Das Drehmoment nähert sich asymptotisch

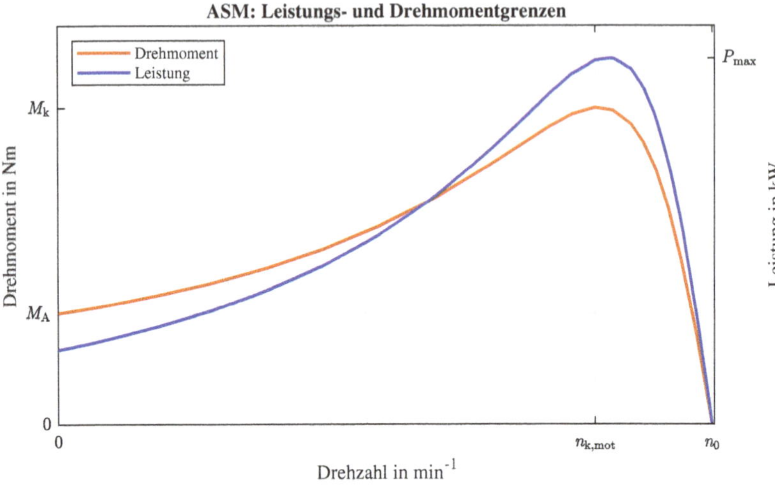


**Abbildung 2.2:** Maximal verfügbares Drehmoment und maximal verfügbare Leistung über der Drehzahl für eine ASM im motorischen Betrieb

einem Wert von 0 Nm, sobald die ASM die synchrone Drehzahl $n_0$ erreicht. Da die ASM ein Schleppmoment benötigt, um Energie vom Stator auf den Rotor zu übertragen, bleibt die tatsächliche Drehzahl der Maschine immer geringfügig unter der Leerlaufdrehzahl $n_0$. Neben dem Betrieb an einem starren Netz ist ein geregelter Betrieb mit Frequenzumrichter oder Raumzeigermodulation möglich, wobei letzteres sich aufgrund der Tatsache, dass sich das Statorfeld und der Rotor nicht synchron drehen, als entsprechend aufwändiger als bei einer PMSM erweist. [19]

**1.2.4 Schalt-Reluktanzmaschine (engl. *switched reluctance machine*) (SRM):** Die Funktionsweise einer SRM basiert auf dem Prinzip der Minimierung des magnetischen Widerstandes (Reluktanz). Sie verfügt über einen Rotor aus weichmagnetischem Material mit anisotropen magnetischen Eigenschaften: Die magnetische Reluktanz ist nicht homogen und die Rotorgeometrie verfügt typischerweise über hervorstehende Pole sowie großflächige Aussparungen. Wenn ein Rotorpol direkt unter einem erregten Statorpol liegt, bietet der magnetische Pfad durch diese Polpaarung eine geringe Reluktanz, wodurch der magnetische Fluss diesen Pfad leicht durchdringen kann. Im Falle der Ausrichtung eines erregten Statorpols gegenüber einer Aussparung im Rotor ergibt sich eine hohe Reluktanz. Die Drehmomentbildung resultiert aus der Tendenz des Rotors, sich so auszurichten, dass die magnetische Reluktanz minimiert und somit der magnetische Fluss maximiert wird. Die Ansteuerung einer SRM geschieht durch gezieltes und zeitlich abgestimmtes Zu- und Abschalten einzelner Statorphasen. Synchron-Reluktanzmaschinen (engl. *synchronous reluctance machines*) (SynRMs) nutzen eine permanent ausgeprägte Rotorstruktur mit Flussbarrieren und werden meist mit einem Frequenzumrichter und dem Verfahren der Raumzeigermodulation angesteuert. [19]

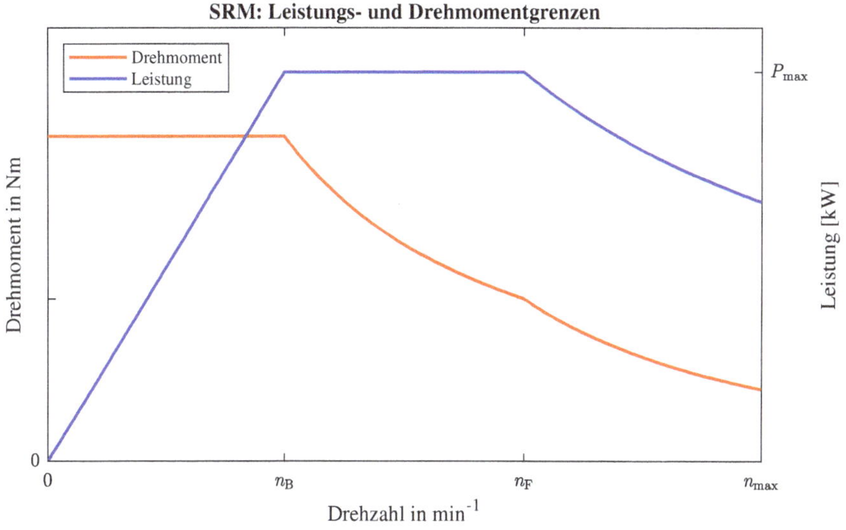


**Abbildung 2.3:** Maximal verfügbares Drehmoment und maximal verfügbare Leistung über der Drehzahl für eine SRM im motorischen Betrieb

In Abbildung 2.3 ist der typische qualitative Verlauf des maximal verfügbaren Drehmoments und der maximalen Leistung über der Drehzahl einer SRM abgebildet. Im Bereich für Drehzahlen $0 < n < n_B$ ist das maximal verfügbare Drehmoment konstant und wird als Basisdrehmoment $M_B$ bezeichnet. In diesem Bereich wird eine SRM feldorientiert geregelt und die Leistung steigt bis zur Basisdrehzahl $n_B$ linear an. Danach folgt der Feldschwächebereich für Drehzahlen $n_B < n < n_F$. In diesem Bereich ist die Leistung konstant und das verfügbare Drehmoment nimmt mit zunehmender Drehzahl ab. Obwohl SRM keine Permanentmagneten beinhalten, führt die Veränderung des magnetischen Flusses, welcher durch die Statorwicklungen fließt, zu einer back-EMF, die gemäß dem faradayschen Induktionsgesetz proportional zur Drehzahl der SRM ist. Qualitativ unterscheidet sich der Drehmomentverlauf einer SRM für Drehzahlen $0 < n < n_F$ nicht von dem einer PMSM. Der Bereich für Drehzahlen $n_F < n < n_{max}$ wird als Schwachfeldbereich bezeichnet. In diesem Bereich wird das Feld stark geschwächt, um eine höhere Drehzahl zu erreichen. Die Leistung sowie das verfügbare Drehmoment sind geringer als im Feldschwächebereich und nehmen mit dem Verhältnis $T \sim \omega^2$ ab. [96]

**2.2.1 Handschaltgetriebe (engl. *manual transmission*) (MT):** Ein MT ist eine Art Schaltgetriebe in Fahrzeugen, welches über keine automatisierten Stellglieder für Anfahr- und Schaltvorgänge verfügt, stattdessen ist der Fahrzeugführer für diese Aufgaben zuständig. In Anwendungen für Personenkraftwagen (Pkw) verfügen diese über einen Rückwärtsgang, einen Neutralgang und zwei (Ford Model T [14], Citroën 2CV [49]) bis sieben (Chevrolet Corvette Generation C7 [20], Porsche 911 Generation 991 und 992 [75]) Fahrstufen. In den meisten modernen Pkw haben sich MTs mit fünf oder sechs Fahrstufen durchgesetzt. Im Vergleich zu anderen Getriebetypen stellen MTs aufgrund ihres simplen, rein mechanisch ausführbaren, Aufbaus die kostengünstigste Variante dar und bieten einen hohen Wirkungsgrad in stationären Betriebspunkten. Komplexe, automatisierte Betriebsstrategien sind mit MTs aufgrund der fehlenden Stellglieder nicht möglich, es kann lediglich eine Gangempfehlung für den in der aktuellen Fahrsituation optimalen Gang im Hinblick auf den Energieverbrauch eingeblendet werden.

**2.2.2 Automatikgetriebe (engl. *automatic transmission*) (AT):** Ein AT ist ein automatisiertes Schaltgetriebe für Fahrzeuge, welches mit Hilfe von hydraulischen und/oder elektromechanischen Stellgliedern selbstständig Anfahr- und Schaltvorgänge durchführen kann. Der Begriff umfasst verschiedene Getriebetypen wie Automatisierte Handschaltgetriebe (engl. *automated manual transmissions*) (AMTs), Doppelkupplungsgetriebes (DKGs) und Wandlerautomaten. Für diese Arbeit werden Getriebe, welche über feste Fahrstufen verfügen und automatische Übersetzungsänderungen durchführen können, zu den ATs gezählt.

Frühere Automatikgetriebe haben aufgrund simpler Betriebsstrategien und einem Fokus auf Komfort anstatt Effizienz und Fahrleistungen in der Regel einen höheren Verbrauch als vergleichbar übersetzte MTs. Dies ist bei modernen ATs nicht mehr der Fall, seit 2016 haben Fahrzeuge, welche mit MT oder AT bestellt werden können, im Schnitt einen geringeren Verbrauch, wenn sie mit einem AT ausgestattet sind, vgl. Abbildung 2.4. Im Verbund mit Motorsteuergerät (engl. *engine control unit*) (ECU), Getriebesteuergerät (engl. *transmission control unit*) (TCU) und dem Fahrerwunsch ermöglichen ATs komplexe Betriebsstrategien.

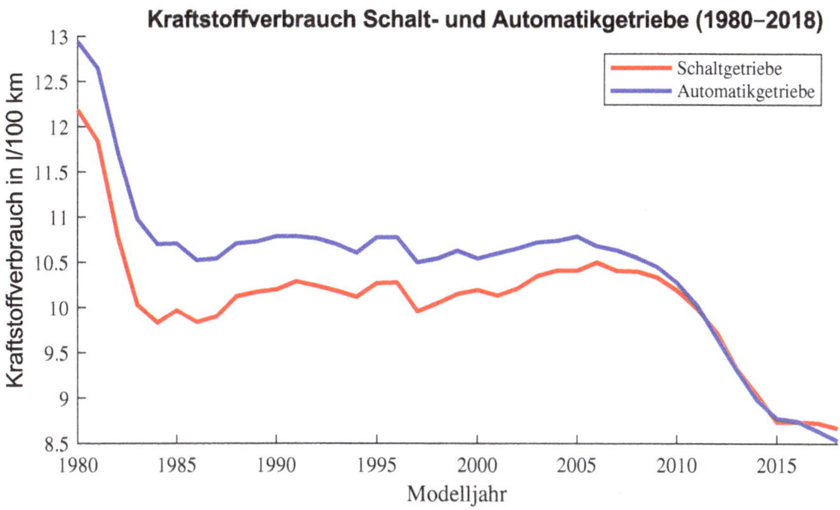


**Abbildung 2.4:** Kraftstoffverbrauch in Liter pro 100 km von Fahrzeugmodellen mit optionalem MT/AT nach Modelljahr [86]

**2.2.3 CVT-Getriebe (engl. *continuously variable transmission*) (CVT):** Ein CVT ist ein Getriebe, welches im Gegensatz zu herkömmlichen MT und AT keine festen Übersetzungsstufen aufweist. Stattdessen ermöglicht ein CVT eine stufenlose Anpassung des Übersetzungsverhältnisses innerhalb eines definierten Bereichs. Dies wird durch eine Kombination aus einem Riemen oder einer Kette zur Kraftübertragung und zwei mit einer Welle verbundenen konischen Scheibenpaaren, wovon je eine Scheibe fest ist und die andere axial auf der Welle bewegt werden kann, erreicht. Durch eine Änderung des Abstands der konischen Scheiben zueinander wird der Umfang, auf dem die Kette oder der Riemen läuft, und somit auch das Übersetzungsverhältnis, geändert. Da die Kette oder der Riemen nicht gedehnt oder verkürzt werden kann, müssen beide Scheibenpaare gleichzeitig ihren Abstand zueinander verändern, damit der Umfang der Kette oder des Riemens, welcher den Umlauf bildet, konstant bleibt. [25] Üblicherweise liegt die Getriebespreizung im Bereich von 5:1 bis 8:1 [56]. Betriebsstrategien für CVT-Getriebe können simpel gehalten werden, für die optimalen Fahrleistungen kann das Übersetzungsverhältnis so verändert werden, dass der Motor konstant im Punkt seiner höchsten Leistung betrieben wird. Für eine Betriebsstrategie, welche den Energieverbrauch minimiert, kann das Übersetzungsverhältnis so angepasst werden, dass der Motor stets für den jeweiligen Fahrerwunsch im Punkt des maximalen Wirkungsgrads betrieben wird. [52] Für die Verwendung in ICEVs wird eine Methode zum Anfahren benötigt, was durch Reibkupplungen oder Drehmomentwandler ermöglicht werden kann. Zu den Vorteilen von CVTs gehören ein sanftes Fahrerlebnis durch den Wegfall der Schaltrucke, eine kompakte Bauweise sowie die Fähigkeit, stufenlos Übersetzungsverhältnisse innerhalb des Intervalls der Getriebespreizung wählen zu können. Nachteile stellen der im Vergleich zu MT und AT hohe Verschleiß und die begrenzte Drehmomentfestigkeit von etwa 200 Nm für CVT mit Riemen bis 400 Nm für CVT mit Wiegedruckstückketten dar [79]. Ebenso wirkt die Geräuschentwicklung von CVTs durch die Tatsache, dass Motordrehzahl und Fahrzeuggeschwindigkeit nicht miteinander korrelieren, für manche Fahrer ungewohnt.

**4.1.1 Batterie:** Hier muss zwischen Starterbatterien von ICEVs und HV-Batterien von PHEVs und BEVs unterschieden werden. Erstere ist in der Regel als Blei-Säure Batterie mit flüssigem Elektrolyt in offener oder geschlossener Bauweise, mit Elektrolyt getränkten Glasfasermatten, gelförmigem Elektrolyt mit Kieselsäurezusatz oder seltener als Lithiumbatterie mit einer Ruhespannung von etwa 12,5 V ausgeführt. Wichtig dabei ist ein hoher Kurzschlussstrom $I_\mathrm{k}$ von mehreren hundert Ampere, um ausreichend Leistung für den Motoranlasser bereitstellen zu können. Im Fahrbetrieb wird die Starterbatterie durch den Generator bei ICEVs geladen, bei einigen BEVs und PHEVs durch einen Gleichspannungswandler, da dieser elektrische Energie aus der HV-Batterie des Fahrzeugs direkt auf eine andere Spannungslage wandeln kann, ohne den Umweg über mechanische Energie, wie es bei einem Generator der Fall wäre, zu bewerkstelligen. Da Blei-Säure Starterbatterien üblicherweise über eine Ladungsmenge von 35-100 Ah verfügen und somit über einen Energiegehalt von

$$E_{\mathrm{PB-Bat,typ,min}} = \frac{35\,\mathrm{Ah} \cdot 12\,\mathrm{V}}{1000} = 0{,}42\,\mathrm{kWh} \qquad \text{Gl. 2.3}$$

bis

$$E_{\mathrm{PB-Bat,typ,max}} = \frac{100\,\mathrm{Ah} \cdot 12\,\mathrm{V}}{1000} = 1{,}2\,\mathrm{kWh} \qquad \text{Gl. 2.4}$$

werden Starterbatterien üblicherweise nicht oder nur in geringem Maß zur Rekuperation bei ICEVs und PHEV, beispielsweise bei Bremsvorgängen durch Einkuppeln des Generators, verwendet. [13]

Die HV-Batterie ist der Energiespeicher für BEVs und den elektrischen Teil des Antriebsstrangs von PHEVs. Anforderungen an die HV-Batterie als teuerste Baugruppe aktueller BEVs sind dabei vielfältig [43]. Der sicherheitstechnische Aspekt ist durch die UN/ECE Regelung R100 Rev.3 „Batteriebetriebene Elektrofahrzeuge" abgedeckt [85]. Dort sind Tests spezifiziert, welche die mechanische, thermische, elektrische und chemische Robustheit von HV-Batterien sicherstellen. Die technischen Anforderungen ergeben sich durch den Einsatzzweck in einem BEV oder PHEV. Eine leistungsfähige HV-Batterie benötigt eine hohe Energiedichte sowie eine möglichst hohe C-Rate bei einer langen kalendarischen Lebensdauer und hohen Zyklenfestigkeit. Zusammen mit einer EM und der dazugehörigen Leistungselektronik ermöglicht die wiederaufladbare HV-Batterie Rekuperation. Einige Komponenten wie Klimakompressoren werden zudem üblicherweise bei BEVs und PHEVs von deren HV-Batterie gespeist, um die resistiven Verluste gering zu halten.

**4.2 ECU & TCU:** Die Aufgabe eines Motorsteuergerätes ist die Überwachung, Steuerung und Regelung von Vorgängen innerhalb einer EM oder einer ICE anhand des Fahrerwunschs. Eine TCU kommuniziert mit dem Motorsteuergerät und steuert die Schaltvorgänge von Automatikgetrieben. Das Ziel kann dabei, je nach verwendeter Betriebsstrategie, stark variieren und dabei sogar gegensätzlich sein. Mögliche Ziele sind die Minimierung des Energieverbrauchs und der Emissionen oder die Maximierung der Fahrleistungen.

Zur Vollständigkeit werden auch die passiven Komponenten, welche keine zusätzlichen Freiheitsgrade für eine Betriebsstrategie eröffnen, aufgelistet.

**2.1.1 Kupplung:** Maschinenelement zur Verbindung zweier Wellenenden, um Drehmoment von einer Welle zur anderen zu übertragen. Je nach Bauart und Anforderung existieren verschiedene Typen, wie starre, elastische oder drehstarre Kupplungen. Im Kfz kommen Kupplungen als Anfahrelemente oder Trennelemente im MT, DKG, Sperrdifferential (engl. *limited slip differential*) (LSD) oder Allradsystemen zum Einsatz. [55]

**2.1.2 Drehmomentwandler:** Ein Drehmomentwandler kommt üblicherweise als Anfahr- und Trennelement in AT zum Einsatz, um das Drehmoment des Motors zum Getriebe zu übertragen. Es handelt sich dabei um ein hydrodynamisches Getriebe, welches aus drei Schaufelrädern besteht: dem Pumpenrad, der Turbine und dem Leitrad oder Stator. Das Pumpenrad schleudert Öl auf die Turbine, wodurch diese in Bewegung versetzt wird. Durch eine Umlenkung des Ölflusses im Leitrad zurück auf das Pumpenrad wird das auf die Turbine wirkende Drehmoment verstärkt, insbesondere bei niedrigen Drehzahlen und hoher Last. Der maximale Faktor dieser sogenannten Drehmomentüberhöhung liegt bei gängigen Drehmomentwandlern bei etwa 3, was vor allem bei Anfahrvorgängen hilfreich ist. Bei höheren

Drehzahlen nähert sich die Drehzahl von Pumpenrad und Turbinenrad an und der Wandler agiert primär als hydrodynamische Kupplung. Um Verluste bei höheren Geschwindigkeiten zu minimieren, verfügen viele Drehmomentwandler über eine Überbrückungskupplung (Lock-Up Clutch), die eine starre Verbindung zwischen Motor und Getriebe herstellt. [55]

**2.3.1 Offenes Differential:** Ein Differential besitzt einen Eingang für das Antriebsmoment und zwei Ausgänge zu den Rädern, wobei es Drehzahlunterschiede zwischen den Rädern ausgleicht. Diese treten unweigerlich bei Kurvenfahrten zwischen den kurveninneren und kurvenäußeren Rädern aufgrund der unterschiedlichen Kurvenradien, welche die Räder nachfahren, auf. Dabei wirkt das Differential auf die Räder der angetriebenen Achse, bei Fahrzeugen mit Allradantrieb können bis zu 3 Differentiale verbaut sein: Für die Vorderachse, die Hinterachse und ein Mitteldifferential. Im Inneren verteilen Zahnräder das vom Motor kommende Drehmoment gleichmäßig auf beide Abgänge, erlauben aber gleichzeitig einen Drehzahlunterschied zwischen ihnen. Der Nachteil eines offenen Differentials ist, dass bei Traktionsverlust eines Rades, beispielsweise auf Eis oder wenn ein Rad in der Luft steht, das gesamte Drehmoment an dieses Rad abgeleitet wird, während das andere Rad stillsteht.

**2.3.2 LSD:** Ein Sperrdifferential leitet auch bei Traktionsverlust einen Teil des Drehmoments auf das Rad mit mehr Grip um. Dadurch wird eine verbesserte Traktion in anspruchsvollen Fahrsituationen wie dem Offroad- oder Rennstreckenbetrieb erreicht. Die Sperrwirkung eines LSD wird mit dem Sperrwert $S$ definiert.

$$S = \frac{|M_\mathrm{L} - M_\mathrm{R}|}{(M_\mathrm{L} + M_\mathrm{R})} = 0..100\,\% \qquad \text{Gl. 2.5}$$

Liegt ein $M_\mathrm{L}$ von 250 Nm und ein $M_\mathrm{R}$ von 500 Nm an, ergibt sich nach Gl. 2.5 ein Sperrwert von 33,3 %. Das Drehmoment am Eingang des Differentials beträgt in diesem Fall 750 Nm und es wird im Verhältnis $\frac{1}{3}$ zu $\frac{2}{3}$ zwischen den beiden Ausgängen des Differentials aufgeteilt. LSD können passiv durch Reibungskupplungen zwischen den Antriebswellen und dem Differentialkorb mit einem festen Sperrwert ausgeführt sein, lastabhängig als passives Torsendifferential, aktiv mit einer geregelten Quersperre oder durch ESP-Eingriffe simuliert werden. [36]

**4.1.2 Kraftstofftank:** Dieser dient als Energiespeicher für ICEV und PHEV und beinhaltet meist die Kraftstoffpumpe und ein Tankentlüftungssystem. Da die Prozesse in Verbrennungsmotoren nicht reversibel sind, kann dieser nicht zur Energierückgewinnung genutzt werden.

**4.1.3 Brennstoffzelle:** Diese kann zu den elektrischen Energiequellen gezählt werden, ist jedoch selbst kein Energiespeicher. In der Brennstoffzelle wird ein kontinuierlich zugeführter Brennstoff (in den meisten Fällen Wasserstoff) an der Anode oxidiert und ein Oxidationsmittel (Sauerstoff aus der Atmosphäre) an der Kathode reduziert, wodurch ein Stromfluss in einem externen Stromkreis, in dem Anode und Kathode eingebunden sind, erzeugt wird. Als Reaktionsprodukte entstehen Wasser und Wärme. [55] Brennstoffzellen können auch in reversibler Bauweise ausgeführt werden und Wasserstoff durch den Prozess der Elektrolyse erzeugen [95]. Ein solches Gerät wird Elektrolyseur genannt.

Ein Fahrzeug lässt sich also durch eine Antriebseinheit, die Art der Kraftübertragung und Kraftabgabe sowie die zum Betrieb nötigen Zusatzkomponenten wie Energiespeicher und Steuergeräte kategorisieren. Zusammen mit Angaben über die Position einzelner Gewerke und der Angabe über die angetriebenen Räder ergibt sich eine Fahrzeugtopologie. Verschiedene Fahrzeugtopologien haben unterschiedliche Fahreigenschaften, welche sich zum einen in dynamischen und zum anderen in ökonomischen Fahrsituationen bemerkbar machen. Ein Beispiel für dynamische Fahrsituationen sind das Fahrzeugverhalten bei einem Ausweichmanöver mit hoher Geschwindigkeit oder die Fahrstabilität bei Bremsvorgängen mit hohen Verzögerungen in einer Kurve. Hier haben die Gewichtsverteilung eines Fahrzeugs, welche vor allem durch die Einbauposition der Antriebsstrangkomponenten bestimmt wird, sowie die angetriebene(n) Achse(n) einen großen Einfluss. [36] Für die Fahrzeugökonomie gilt es, Verluste möglichst gering zu halten. Der größte Anteil an Verlusten bei alltäglichen Fahrten ist die Umwandlung von potenzieller Energie eines Fahrzeugs in Wärmeenergie bei Bremsvorgängen. [63] Aus diesem Grund haben PHEVs und BEVs einen enormen Vorteil gegenüber ICEVs im Bereich der Fahrzeugökonomie. Zur Veranschaulichung kann folgendes Beispiel genutzt werden: Ein BEV mit einer Masse von 1500 kg fährt mit einer Geschwindigkeit von 100 km/h (entspricht 27,78 m/s) auf einer ebenen Fahrbahn. Die kinetische Energie des Fahrzeugs beläuft sich nach Gl. 2.6 auf einen Wert von 578,7 kJ.

$$E_{\text{kin}} = \frac{1}{2} \cdot mv^2 = \frac{1}{2} \cdot 1500\,\text{kg} \cdot (27{,}78\,\text{m/s})^2 = 578{,}7\,\text{kJ} \qquad \text{Gl. 2.6}$$

Rechnet man diesen Wert zur besseren Vergleichbarkeit von kJ in kWh um, erhält man einen Wert von 0,16 kWh. Laut ADAC (Stand August 2024, [4]) liegen die Verbrauchswerte von 94 untersuchten BEVs im Bereich von 15,5 kWh/100 km bis 30,9 kWh/100 km. Die kinetische Energie des Beispielfahrzeugs würde bei einem

Bremsvorgang zum Stillstand mit einer vollständigen Rekuperation für eine Strecke von etwa 0,5 km bis 1 km ausreichen.

## 2.2 Betriebsstrategien in Kraftfahrzeugen

Eine Betriebsstrategie legt fest, wie die Antriebsstrangkomponenten eines Fahrzeugs in verschiedenen Fahrzuständen angesteuert zu werden, um dessen Effizienz und Leistungsfähigkeit zu optimieren. In diesem Abschnitt wird eine Einleitung sowie Begriffsdefinition für die relevanten Fachbegriffe gegeben und es werden Schwerpunkte hinsichtlich Energieeffizienz und Fahrleistungssteigerung herausgearbeitet, mit direktem Bezug zur Fragestellung der Dissertation, die den Einfluss optimierter Betriebsstrategien auf BEVs mit mehrstufigem Getriebe untersucht. Es wird zwischen Zugbetrieb (Beschleunigung) und Schubbetrieb (Verzögerung) unterschieden. Im Zugbetrieb regelt die Betriebsstrategie vor allem die Gangwahl und Leistungsabgabe, während im Schubbetrieb die Energierückgewinnung (Rekuperation bei BEVs und PHEVs) oder die Minimierung des kinetischen Energieverlusts (Segeln mit minimalem Schleppmoment bei ICEVs oder PHEVs) im Vordergrund stehen. Die Komplexität einer Betriebsstrategie steht in direktem Zusammenhang mit den vorhandenen Freiheitsgraden im Antriebsstrang. Wie in Kapitel 2.1 anhand einer Übersicht zu freiheitsgraderhöhenden Komponenten gezeigt wird, führen Elemente wie mehrstufige Getriebe, elektrische Maschinen mit variabler Rekuperation oder Kupplungen zu einem erweiterten Zustandsraum. Damit steigen die Möglichkeiten zur Effizienz- und Fahrleistungssteigerung, aber auch die Anforderungen an die Koordination dieser Stellgrößen. Dies erfordert den Einsatz fortschrittlicher, oft modellbasierter oder datengetriebener Optimierungsstrategien. Im Folgenden werden aktuelle kommerzielle Lösungen für Automatikgetriebe in ICEVs und PHEVs betrachtet, gefolgt von Strategien zur Rekuperation in BEVs und PHEVs, wobei diese um relevante Forschungsergebnisse ergänzt werden.

### 2.2.1 Automatikgetriebe in ICEs und PHEVs

Moderne Automatikgetriebe in ICEVs verfügen über eine steigende Anzahl an Gängen, was sowohl der Energieeffizienz als auch den Fahrleistungen dient. Durch die feinere Abstufung der mittlerweile oftmals acht bis zehn Fahrstufen kann ein

Verbrennungsmotor häufiger im verbrauchsgünstigen Bereich betrieben werden. Es kann zudem eine längere Gesamtübersetzung realisiert werden ohne die Abstufung im Vergleich zu einem Getriebe mit einer geringeren Anzahl an Fahrstufen zu vergrößern. Die Getriebespreizung verschiedener Automatikgetriebe ausgewählter Fahrzeugmodelle mit Angabe von Gangzahl und Baujahr ist in Abbildung 2.5 zu sehen. Studien zeigen, dass eine höhere Anzahl an Fahrstufen mit einem geringe-

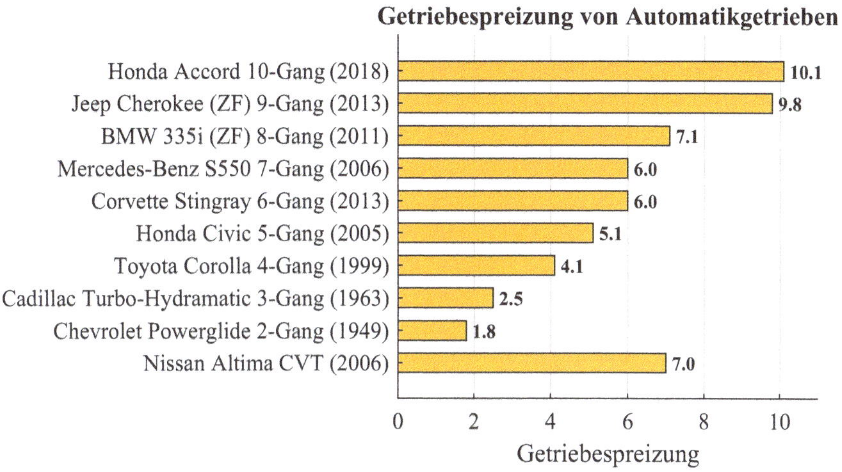


**Abbildung 2.5:** Getriebespreizung von Automatikgetrieben im historischen Vergleich, eigene Darstellung nach [65] mit Ergänzung

ren Kraftstoffverbrauch korreliert [58][83]. Dabei führt jede zusätzliche Fahrstufe zu einer zunehmend kleineren Steigerung der Effizienz, da der Zugewinn an Betriebsoptimierung mit steigender Ganganzahl abnimmt. Gleichzeitig profitieren die Fahrleistungen, da der Gesamtübersetzungsbereich breiter ist: Ein kurzer erster Gang erhöht das maximal verfügbare Raddrehmoment während eine längere Gesamtübersetzung hohe Endgeschwindigkeiten bei niedrigeren Drehzahlen erlaubt.

Beispiele für moderne 8-/9-/ und 10-Gang Getriebe sind das ZF 8HP [97], Aisin AWF8F35 [1], ZF 9HP [98], Mercedes 9G-Tronic [50], Ford-GM 10R80 [26] / 10L90 [28] und Toyota Direct Shift-10AT [81].

Moderne Automatikgetriebe mit Drehmomentwandler nutzen zudem Techniken wie eine frühe Wandlerüberbrückung um schlupfbedingte Verluste zu reduzieren sowie adaptive Schaltprogramme, die sich dem Fahrstil anpassen, um eine optimale Balance zwischen Fahrdynamik und Effizienz zu erreichen. In Spar-Fahrprogrammen wird tendenziell früh hochgeschaltet und der Motor im niedrigen Drehzahlbereich betrieben, wohingegen Sport-Modi spätere Schaltpunkte und ein früheres Zurückschalten für höhere Radleistungen und ein dynamischeres Ansprechverhalten vorhalten. Insgesamt sind Automatikgetriebe heute das zentrale Stellglied der Betriebsstrategien für ICEVs: der aktuelle Gang und damit auch die Motordrehzahl und -last werden durch die Gesamtübersetzung bestimmt und anhand von vorprogrammierten Schaltkennfeldern wird entschieden, welcher Gang gewählt wird. Für den Schubbetrieb existieren wenige Strategien und Freiheitsgrade, um die Effizienz von ICEVs zu erhöhen. So kann beispielsweise der Generator bedarfsgerecht ein- und ausgekuppelt werden oder der Drehmomentwandler im hydrodynamischen Betrieb laufen, um das Schleppmoment gezielt zu reduzieren. Dies ist bedingt durch die nur sehr begrenzt mögliche Rückgewinnung der Energie in die Starterbatterie.

Bei PHEVs gestaltet sich die Betriebsstrategie aufgrund der zusätzlichen elektrischen Komponenten im Antriebsstrang und der damit einhergehenden Erhöhung der Freiheitsgrade komplexer. Während sich der Zugbetrieb weitgehend analog zu konventionellen ICEVs gestaltet, mit dem Zusatz der Lastpunktverschiebung und möglichen Drehmomentaufteilung zwischen ICE und EM, ist der Schubbetrieb deutlich anspruchsvoller zu regeln. Dies ist mit der Vielzahl an Freiheitsgraden, die sich bei einem PHEV-Antriebsstrang aus der Kombination von Rekuperation, Gangwahl und elektrischen Energieflüssen im Antriebsstrang ergeben, begründet. Aus diesem Grund erfolgt die folgende Betrachtung getrennt für Zug- und Schubbetrieb, wobei dem Schubbetrieb mit Fokus auf die Rekuperationsstrategie ein eigener Abschnitt gewidmet wird, da dieser Aspekt bei mehrstufigen Getrieben eine zentrale Rolle einnimmt und eine hohe Relevanz für diese Arbeit besitzt.

In Abbildung 2.6 sind verschiedene Topologien von Hybridantrieben dargestellt. Grundsätzlich wird zwischen seriellen und parallelen Systemen unterschieden. Ein leistungsverzweigter Hybridantrieb stellt eine Sonderform dar, in der die ICE entweder komplett vom Kraftfluss getrennt werden kann oder einen Teil ihrer Leistung mechanisch über die Räder oder elektrisch über den Generatorpfad abgeben kann. Im Fokus dieser Arbeit stehen Parallel-Hybride, bei denen die EM zwischen Verbrennungsmotor und Getriebe angeordnet ist. Parallel-Hybride können je nach Position ihrer EM in verschiedene Topologien (P0-P4) eingeteilt werden. Eine Übersicht dazu wird in Zhuang et al. [101] gegeben. In dieser Konfiguration kann durch eine Änderung der Übersetzung das Moment an der EM beeinflusst und deren Lastpunkt zur Optimierung der Rekuperation verschoben werden, ohne das

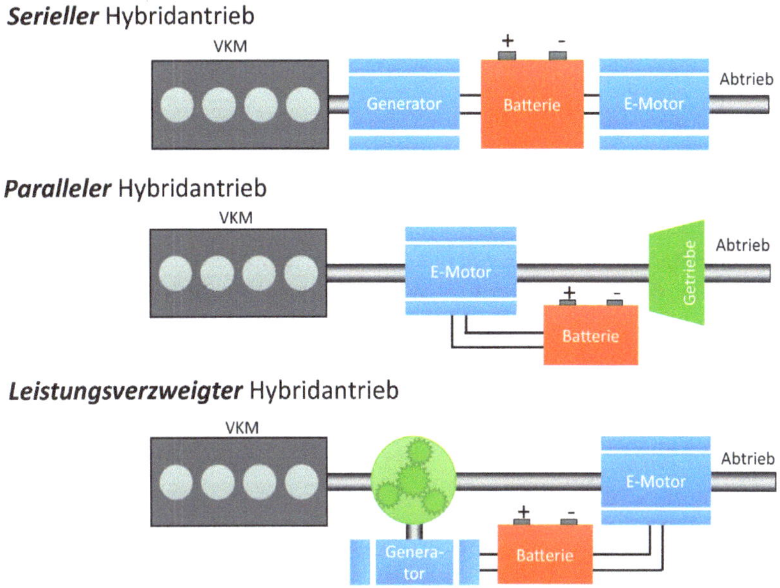


**Abbildung 2.6:** Verschiedene Topologien von Hybridantrieben [19]

Radmoment zu beeinflussen. Zur Vollständigkeit werden auch serielle und leistungsverzweigte Topologien betrachtet, wobei dabei je ein Beispielfahrzeug vorgestellt wird.

**Serieller Hybrid:** Der BMW i3 REX ist ein serieller Hybrid, dessen Räder von einer EM über ein einstufiges Reduktionsgetriebe angetrieben werden. Die ICE ist nicht mechanisch gekoppelt, sondern lädt die Batterie über einen Generator nach und wird permanent im Bestwirkungsgrad betrieben, wenn der Batterieladezustand (engl. *state of charge*) (SOC) der Traktionsbatterie unter einen bestimmten Wert fällt. Das Fahrerlebnis gleicht dem eines BEV. [9]

**Paralleler Hybrid:** Als Beispiel wird der BMW 330e gewählt, bei dem sowohl die EM als auch die ICE Drehmoment an die Räder abgeben können. Die EM ist platzsparend zwischen ICE und Getriebe integriert und ermöglicht sowohl rein elektrisches Fahren als auch eine kombinierte Leistungsabgabe, welche als Boost-Modus bezeichnet wird. Als Getriebe kommt das ZF 8HP [97] zum Einsatz, wodurch eine mechanische Kopplung aller Antriebsstrangkomponenten gegeben ist.

Diese Topologie entspricht einem P2-Hybrid [101]. Da das typische Schaltverhalten von Automatikgetrieben bei parallelen Hybridantrieben erhalten bleibt, entsteht ein Fahrerlebnis ähnlich zu einem reinen ICEV. [10]

**Leistungsverzweigter Hybrid:** Der Toyota Prius nutzt ein leistungsverzweigtes Hybridsystem, bei dem die Leistung des Verbrennungsmotors sowohl über ein Planetengetriebe in mechanischer Form als auch über den Generator als elektrische Leistung in den Antriebsstrang geleitet werden kann. Die EMs übernehmen dabei je nach Fahrzustand unterschiedliche Funktionen: eine Maschine wirkt als Generator zur Lastpunktverschiebung der ICE, während die zweite die Räder antreibt oder rekuperiert. Das verwendete Planetengetriebe wird von der Toyota Motor Corporation als eCVT bezeichnet und realisiert ein stufenloses Übersetzungsverhältnis sowie Leistungsverteilung. Die Leistungsverzweigung erlaubt eine nahezu kontinuierliche Anpassung des Betriebspunkts der ICE an den optimalen Wirkungsgradbereich und wird fahrdynamisch wie ein CVT-Getriebe wahrgenommen. [82]

Folgend werden die Strategiebausteine, die sich aus den Freiheitsgraden im Antriebsstrang von ICEVs und PHEVs ergeben, erläutert, wobei zuerst die ökonomischen Aspekte wie Lastpunktverschiebung, Mode-Transition-Steuerung und Schaltkennfelder betrachtet werden. Anschließend werden die für die Fahrleistung relevanten Strategiebausteine betrachtet, darunter die Gangwahl zur Zugkraftmaximierung, Torque-Fill bei Schaltvorgängen sowie die Integration elektrischer Boost-Funktionen zur Verbesserung von Ansprechverhalten und Beschleunigung.

**Lastpunktverschiebung:** Um diesen Strategiebaustein zu veranschaulichen, wird das Muscheldiagramm eines Mazda 2.0L SKYACTIV Motors von 2014 mit gekennzeichneter Lastpunktanhebung dargestellt. Die Daten dazu wurden von dem der Umweltschutzbehörde der Vereinigten Staaten von Amerika (engl. *United States Environmental Protection Agency*) (EPA) zugehörigen Fuel Emissions Laboratory heruntergeladen [89]. Ein Muscheldiagramm stellt den spezifischen Kraftstoffverbrauch eines Verbrennungsmotors in Abhängigkeit von Drehzahl und Drehmoment dar. Je geringer der Wert, desto weniger Kraftstoff wird benötigt um eine bestimmte mechanische Energiemenge zu erzeugen. Auf dem Diagramm ist der für Verbrennungsmotoren typische Verlauf zu sehen, welcher sich aus den physikalischen und thermodynamischen Verlusteigenschaften eines Motors ergibt: Das Minimum liegt meist in einem Bereich mittlerer Drehzahlen und mittlerer bis hoher Last, hier erreicht der Motor das für ihn optimale Verhältnis aus Brennkammerdruck, Temperatur und Reibungsverlusten. Zu niedrige Lasten führen zu einem hohen spezifischen Verbrauch, bedingt durch die höheren Drosselverluste, welche durch

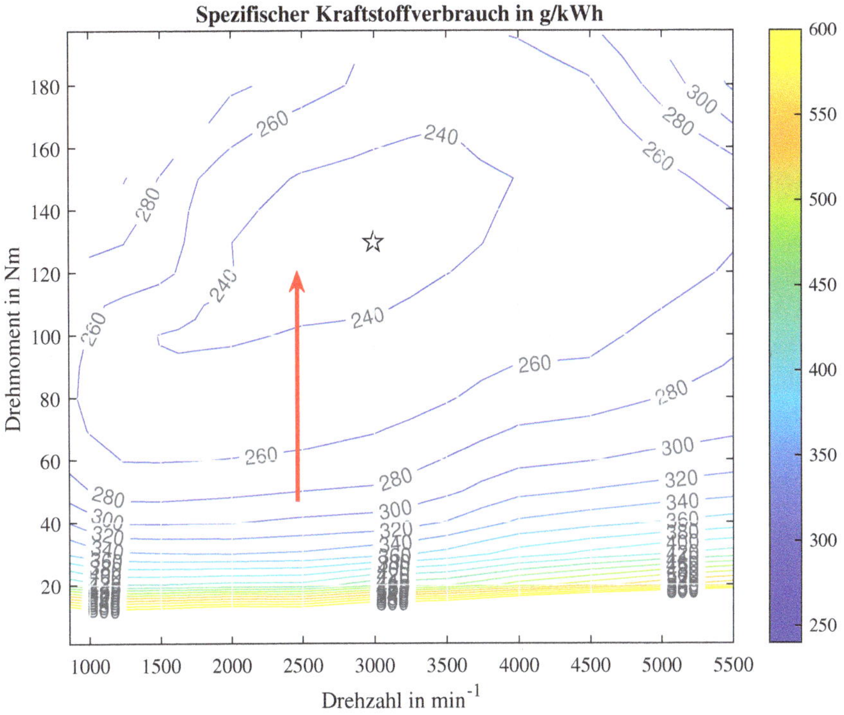


**Abbildung 2.7:** Spezifischer Kraftstoffverbrauch 2014 Mazda 2.0L SKYACTIV mit gekennzeichneter Lastpunktanhebung [89]

die teilweise geschlossene Drosselklappe beim Ottomotor entstehen, sowie durch gesteigerte Wärmeverluste relativ zum abgesetzten Nutzmoment. Ebenfalls erhöhen sich die Verbrauchswerte bei hohen Drehzahlen, da dort die mechanischen Reibungsverluste durch Lagerreibung, Kolbenreibung und Strömungsverluste stark zunehmen. In sehr niedrigen Drehzahlbereichen verschlechtert sich der spezifische Kraftstoffverbrauch ebenfalls, bedingt durch weniger effiziente Verbrennung infolge unzureichender Gemischbildung und niedriger Brennkammertemperaturen. [76]

Durch die Lastpunktanhebung wird das von der ICE angeforderte Drehmoment angehoben und diese somit in einen Bereich mit geringerem spezifischen Kraftstoffverbrauch überführt. Das nicht zum Vortrieb genutzte Drehmoment wird mit Hilfe eines Generators in die HV-Batterie zurückgespeist und die im Kraftstoff enthaltene

Energie wird insgesamt besser genutzt; es kann mit der gleichen Energiemenge trotz Wandlungsverlusten eine höhere Strecke zurückgelegt werden.

**Mode-Transition Steuerung**: Der koordinierte Übergang zwischen rein elektrischem Fahren, hybridem Antrieb oder reinem Verbrennungsmotorbetrieb wird Mode-Transition genannt. Ziel dabei ist es, einen möglichst ruckfreien und für den Fahrer nicht wahrnehmbaren Wechsel zwischen den genannten Betriebsarten durchzuführen. Dies wird erreicht, indem Drehmomentlücken oder -überhöhungen durch gezielte Regelung der Antriebsstrangkomponenten gemieden werden. Kritisch dabei ist die Synchronisation von Motordrehzahl und Getriebezustand beim Zuschalten der ICE; üblicherweise wird diese per Startergenerator oder EM auf die Zieldrehzahl geschleppt und eine etwaige Drehzahldifferenz durch einen Betrieb der Kupplung zwischen ICE und EM im Schlupfbereich ausgeglichen. Sobald die Kupplung schließt, wird das Drehmoment gleitend von der EM auf die ICE übergeben. [93]

**Schaltkennfelder:** Diese stellen ein zentrales Element der Getriebesteuerung dar. Sie leiten aus fahrdynamischen Zustandsgrößen wie der Fahrzeuggeschwindigkeit, Motorlast und Motordrehzahl den jeweils am besten geeigneten Gang ab. Prädiktive Erweiterungen integrieren zusätzliche Informationen wie das Höhenprofil (die Topographie) einer Strecke oder deren aktuelle Verkehrsdichte und ermöglichen eine vorausschauende Gangwahl. Im Folgenden wird zunächst die konventionelle, rein auf dem Fahrzustand basierende Auslegung beschrieben, bevor anschließend die prädiktive Ergänzung behandelt wird.

Das Ziel von Schaltkennfeldern besteht darin, die übergeordneten Zielgrößen der aktuell gewählten Betriebsstrategie zu erfüllen. Diese Ziele können je nach gewähltem Fahrmodus variieren und umfassen Aspekte wie die bestmögliche Energieeffizienz, eine hohe Fahrdynamik oder gesteigerten Fahrkomfort durch verbesserte Noise, Vibration, Harshness (NVH) Eigenschaften, wie etwa wenig Schaltvorgänge und kleine Drehzahlsprünge. Dabei wird selten ein singuläres Ziel verfolgt, sondern vielmehr ein Kompromiss aus dem Haupt- und einem untergeordneten Ziel gefunden. Für den beispielhaften Fahrmodus „Eco“ ist das Hauptziel Energieeffizienz und das untergeordnete Ziel sind akzeptable Fahrleistungen, welche sich nicht wesentlich von denen im Standard-Fahrmodus unterscheiden.

Für die Ermittlung der Schaltkennfelder müssen detaillierte Wirkungsgradkennfelder für Motor und Getriebe, diverse Fahrzeugparameter für eine Fahrwiderstandsberechnung sowie die Zielgrößen der verfolgten Betriebsstrategie vorhanden sein. Aus den Zielgrößen wird für ein vorher festgelegtes Raster aus Fahrzeuggeschwindigkeit, Last und dem aktuellen Gang eine gewichtete Kostenfunktion erstellt. Diese wird simulativ für jedes Geschwindigkeits-Lastpaar und jeden Gang berechnet; die Schnittpunkte einer solchen Kostenkurve für Gang $n$ und Gang $n + 1$ ergeben die Hochschalt-Trigger. Die Trigger für eine Rückschaltung ergeben sich aus den Hochschalt-Triggern minus einer Hysterese, um Pendeln zwischen Gangstufen zu vermeiden.

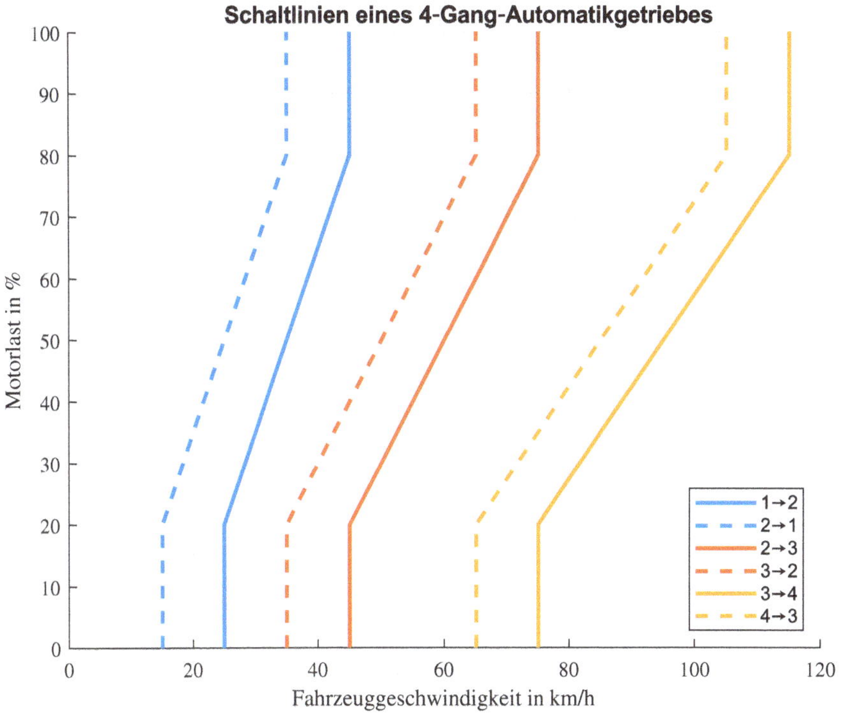


**Abbildung 2.8:** Beispielhafte Darstellung von Schaltlinien eines 4-Gang Automatikgetriebes

Aus allen Schaltpunkten pro Gang ergeben sich Schaltlinien, welche in Abbildung 2.8 beispielhaft für ein 4-Gang Automatikgetriebe zur Veranschaulichung dargestellt sind. Befindet sich ein Fahrzeug mit diesen Schaltlinien im Zugbetrieb, schaltet das Getriebe bei einem Überschreiten einer Hochschaltlinie einen Gang hoch, für den Schubbetrieb analog beim Unterschreiten einer Rückschaltlinie einen

Gang herunter. Bei einer Fahrt mit unter 20 % oder über 80 % Last gelten rein geschwindigkeitsbasierte Schaltpunkte, dazwischen kommt eine Abhängigkeit von der aktuellen Motorlast hinzu.

Die Kalibrierung der Schaltkennfelder erfolgt im Anschluss an die simulationsbasierte Vorauslegung auf einem Hardware-in-the-Loop (HiL) Antriebsstrangprüfstand. Dabei werden Parameter wie Gangschalthysterese, Kickdown-Schwellen sowie dynamische Schaltschwellen systematisch variiert, um das Schaltverhalten unter reproduzierbaren Bedingungen zu bewerten und zu optimieren. Die anschließende Abstimmung im Fahrversuch dient der Feinjustierung unter realen Bedingungen. Hier fließen neben objektiven Messgrößen wie Schaltzeit oder Ruck beim Gangwechsel insbesondere subjektive Bewertungskriterien in die Beurteilung ein. Aspekte wie Lenkgefühl, Ansprechverhalten oder wahrgenommener Schaltkomfort lassen sich nur bedingt quantifizieren, sind jedoch für das Gesamtempfinden des Fahrzeugs von zentraler Bedeutung. Die Erprobung unter einem breiten Spektrum von Einsatzbedingungen bildet gleichzeitig die Grundlage zur Robustheitsabsicherung gegenüber Umwelteinflüssen, Streuungen und Alterungseffekten.

**Prädiktive Schaltkennfelder:** Werden konventionelle, rein fahrzustandsbasierte Strategien um vorausschauende Komponenten erweitert, werden diese als prädiktiv bezeichnet. Durch Nutzung externer Informationen, etwa über Streckentopographie oder Verkehrsfluss, wird eine antizipative Gangwahl ermöglicht. Dies erlaubt etwa, bergab frühzeitig in einem geeigneten Gang zu verbleiben und so die Rekuperation zu maximieren oder bei Annäherung an Verkehrshindernisse gezielt auszusegeln, wodurch sich Effizienz und damit auch die Reichweite verbessern. Alternativ können prädiktive Funktionen durch bordseitige Sensorik wie Radar, LiDAR oder Neigungserkennung realisiert werden, um topographische Einflüsse ohne explizite Streckenkenntnis in die Betriebsstrategie einzubinden.

Dieser und weitere Ansätze zur Erstellung einer Betriebsstrategie für Automatikgetriebe finden sich in [46][59][33].

Nun folgen Strategiebausteine für Betriebsstrategien von ICEVs und PHEVs, welche deren Fahrleistungen steigern.

**Torque-Fill und Gangwechselsynchronisation:** Bauartbedingt erlauben DKGs Gangwechsel nahezu ohne Zugkraftunterbrechung, dennoch können unter realen Bedingungen kurzzeitige Drehmomentlücken auftreten, etwa bei dynamischen Lastwechseln oder Drehzahldifferenzen. In solchen Fällen oder bei Wandlerautomaten übernimmt die elektrische Maschine temporär das Antriebsmoment und glättet die Übergangsphase. Dies wird als „Torque-Fill“ bezeichnet. Zudem wird durch eine synchrone Anpassung der Motordrehzahl an die Zielübersetzung ein ruckfreier Gangwechsel ermöglicht. In PHEVs kann die EM zusätzlich das verzögerte Ansprechverhalten turbogeladener Downsizing-Motoren überbrücken und sie sorgt so für ein spontanes, kontinuierliches Beschleunigen über das gesamte Drehzahlband hinweg.

**Launch und Elastizität:** Kurze Übersetzungen in den unteren Fahrstufen erhöhen das Raddrehmoment und verkürzen sowohl die Zeit für eine Beschleunigung aus dem Stand auf 100 km/h als auch die Elastizität bei Zwischenspurts. Moderne Automatikgetriebe verfügen über eine kurze Übersetzung im ersten Gang und gleichzeitig über fein abgestufte Übersetzungsbereiche, was durch die hohe Ganganzahl ermöglicht wird, ohne dass die Drehzahlsprünge subjektiv wahrgenommen werden. In Kombination mit dem sofort verfügbaren Drehmoment der elektrischen Maschine erlaubt dies Beschleunigungswerte, die früher großvolumigen und leistungsfähigen Verbrennungsmotoren vorbehalten waren, und verbessert zugleich die Elastizität im Zwischenspurt, ohne den Verbrauch negativ zu beeinflussen.

**Verbesserte Höchstgeschwindigkeit:** Während kurze Übersetzungen in den niedrigen Fahrstufen für maximale Zugkraft und somit verbesserte Elastizität und ein verbessertes Beschleunigungsverhalten eingesetzt werden, bildet eine lang ausgelegte höchste Fahrstufe einen Strategiebaustein zur Fahrleistungsoptimierung. Dies ist in Bezug auf die Höchstgeschwindigkeit eines Fahrzeugs und dessen Fähigkeit, Streckenabschnitte mit hoher Durchschnittsgeschwindigkeit bei einem gleichzeitig geringen Verbrauch zu absolvieren, relevant. Wettbewerbsvorteile ergeben sich dabei vor allem im deutschen Markt, wo auf unlimitierten Autobahnabschnitten eine durchschnittliche Geschwindigkeit von 124,1 km/h gefahren wird und rund 14 % der Fahrzeuge schneller als 140 km/h fahren [62]. Gleichzeitig erlaubt die große Spreizung moderner Automatikgetriebe (vgl. Abbildung 2.5), dass die hohe Endgeschwindigkeit nicht zulasten der Beschleunigung aus niedrigen Geschwindigkeiten oder der Elastizität geht; hier übernimmt die niedrigste Fahrstufe weiterhin die Rolle des Zugkraftmultiplikators. In PHEVs kann die EM beim Hochschalten auf lange Übersetzungen zusätzliches Drehmoment liefern, um die bei hohen Geschwindigkeiten ansteigenden Luftwiderstandsmomente zu kompensieren und die ICE im optimalen Wirkungsgradbereich zu betreiben und so die technisch mögliche Höchstgeschwindigkeit länger aufrechtzuerhalten. Damit wird eine lange Gesamtübersetzung zu einem wesentlichen Baustein, um eine Verbesserung der

Fahrleistungen ohne überproportionale Motorgrößen oder Leistungsverzweigungen zu realisieren.

### 2.2.2 Rekuperation in BEVs und PHEVs

In diesem Abschnitt werden die Strategiebausteine, welche von aktuellen BEVs und PHEVs im Schubbetrieb genutzt werden können, dargestellt. Ziel ist es, die rekuperierte Energie zu maximieren und damit die Gesamteffizienz des Antriebssystems zu steigern. Durch die Rückführung kinetischer Energie in die HV-Batterie trägt das Fahrzeug lediglich die unvermeidbaren mechanischen sowie elektrischen Verluste und Umwandlungsverluste. Darüber hinaus ermöglichen Antriebsstrangtopologien mit schaltbarem Übersetzungsverhältnis, das Rekuperationsmoment der EM zu variieren, während das Radmoment konstant bleibt, wodurch sich je nach Fahrstufe eine Energierückgewinnung mit besserem Wirkungsgrad erzielen lässt, ohne die Fahrstabilität zu beeinträchtigen. Die übergeordnete Betriebsstrategie nutzt diesen Spielraum zur Optimierung von Effizienz, Reichweite und Kosten. Zuerst werden Strategiebausteine von BEVs mit einstufigem Reduktionsgetriebe und anschließend von PHEVs erörtert.

**One-Pedal-Driving:** Einige Fahrzeuge setzen auf eine feste oder vom Fahrer einstellbare Rekuperationsleistung, bei der das Verzögerungsverhalten über definierte Rekuperationsstufen realisiert ist. Dabei wird ein konstantes Verzögerungsmoment erzeugt, welches dem Schleppmoment eines Verbrennungsmotors nachempfunden wird, wenn der Fahrer seinen Fuß vom Fahrpedal nimmt. Dieses Vorgehen vermittelt dem Fahrer ein vertrautes Fahrgefühl bei gleichzeitiger Rückgewinnung kinetischer Energie, ohne dass zusätzliche Sensorik oder eine aufwendige Betriebsstrategie erforderlich ist. Energetisch betrachtet ist es jedoch in manchen Fahrsituationen sinnvoller, das Fahrzeug ausrollen zu lassen oder eine variable Rekuperationsleistung anzufordern. Zum gezielten „Segeln“ ist dabei in vielen Fahrzeugen ein leicht gedrücktes Fahrpedal erforderlich, um ein annähernd drehmomentfreies Rollen zu halten. Daher stellen diese Strategien einen Kompromiss aus einfacher Bedienung, Systemkomplexität und Energieeffizienz dar. Eine Version mit sensorgestützer Rekuperation kann ebenfalls zum Einsatz kommen, bei der die Rekuperationsleistung in Abhängigkeit der Fahrzeuggeschwindigkeit und dem Abstand vom vorausfahrenden Fahrzeug anhand eines Kennfelds bestimmt und ohne Zutun des Fahrers eingestellt wird. [64]

**Brake Blending:** So wird die kombinierte Nutzung elektrischer Rekuperation und mechanischer Bremse zur Fahrzeugverzögerung bezeichnet. Dabei übernimmt zunächst die EM die Verzögerung bis zur Grenze ihrer Rekuperationsleistung oder ihrem Rekuperationsmoment, wodurch kinetische Energie effizient zurückgewonnen wird. Die mechanische Bremse wird ergänzend aktiv, sobald die angeforderte Bremsleistung die Grenzen der Rekuperation übersteigt oder das Fahrzeug vollständig zum Stillstand kommen soll. Die Umsetzung stellt eine komplexe regelungstechnische Herausforderung dar, da Fahrstabilität, Bremsdruckmodulation und Pedalgefühl in Betracht gezogen werden müssen. Unterschiede in der Verzögerungsdynamik zwischen regenerativer und mechanischer Bremse können bei abrupten Übergängen zu Ruckbildung oder unerwünschten Lastwechselreaktionen führen. Je nach Fahrzeugarchitektur kommen unterschiedliche Umsetzungsvarianten zum Einsatz, etwa hydraulische Drucküberlagerung oder rein elektronische Bremssysteme mit getrennten Ansteuerpfaden für Rekuperation und Reibbremse. Ziel ist stets ein harmonischer, sicherer Übergang mit gleichzeitig maximaler Energierückgewinnung. [53][90]

Aufbauend auf BEVs weisen PHEVs erweiterte Freiheitsgrade auf, die eine komplexere Rekuperationsstrategie ermöglichen, insbesondere im Hinblick auf das Zusammenspiel zwischen ICE, EM und der HV-Batterie mit wesentlich geringerer Kapazität als bei vergleichbaren BEVs. Im Folgenden werden spezifische Strategiebausteine für PHEVs erläutert.

**Batterielimitierung und SOC-Management:** Die Gestaltung der Rekuperationsstrategie in PHEVs unterliegt zusätzlichen Einschränkungen durch die begrenzte Aufnahmekapazität der HV-Batterie. Besonders bei hohen SOC-Werten ist die mögliche Rekuperationsleistung durch thermische und chemische Grenzwerte limitiert; zur Überladungsvermeidung werden SOC-Reserven, Lastpunktverschiebung und verstärkte elektrische Unterstützung genutzt, sobald sich der SOC einem Schwellwert nähert. Im Unterschied zu BEVs wird die PHEV-Batterie leistungslastig und mit engem SOC-Fenster um einen mittleren Zielwert geführt. Sie dient primär als Leistungs- und Pufferkomponente und kann Rekuperationsgrenzen durch gezielte Motorläufe abfedern. BEVs verfügen über eine als reine Traktionsbatterie ausgelegte, energieoptimierte Auslegung mit breiterem nutzbaren SOC-Bereich.

**Drag Blending**: Wenn der SOC dennoch zu hoch ist, kann die Drosselklappe der ICE geschlossen und ein niedriger Gang gehalten werden, um das Motorschleppmoment als dissipativen Verzögerungsanteil mitzunutzen. Dazu wird eine offline optimierte Lookup-Tabelle genutzt, welche jedem Verzögerungsmoment eine

Momentenkombination aus generatorischem Moment der EM und Motorschleppmoment der ICE zuweist, bei der beide Aggregate in einem für Wirkungsgrad und Komfort günstigen Bereich betrieben werden. Das System überblendet dabei stufenlos beide Drehmomentsenken um Fahrstabilität und Pedalgefühl zu wahren. [92]

**Torque-Scaling:** Dieser Strategiebaustein kann ausschließlich bei PHEVs eingesetzt werden, bei denen die EM zwischen ICE und Getriebe angeordnet ist. Durch diesen Aufbau kann der Betriebspunkt der EM bei unverändertem Radmoment über die Gangwahl verschoben werden. Eine optimierte Schaltstrategie, wie sie von Dong et al. vorgestellt wurde, hat durch den Nutzen von Torque-Scaling den Anteil an Rekuperation im Gegensatz zu einer simplen Rekuperationsstrategie um 13 % erhöht [18]. Bei geringen Fahrzeuggeschwindigkeiten arbeitet die EM in einem Bereich, in dem das Drehmoment hoch und die Drehzahl niedrig ist, da Kupferverluste aufgrund hoher Ströme und Eisenverluste wie Hysterese- und Wirbelstromverluste zu einem geringen Wirkungsgrad in diesem Bereich führen. Ein Hochschalten senkt das Drehmoment an der EM, erhöht zeitgleich deren Drehzahl und verschiebt damit deren Betriebspunkt in einen Bereich besserer Effizienz. Zhou et al. konnten damit eine Steigerung der rekuperierten Energie um 23 % auf einem HiL-Prüfstand erreichen [100]. Ein weiterer Vorteil dieser Strategie ist die Entlastung der mechanischen Bremse, welche laut [99] in innerstädtischen Zyklen eine um 18 % verringerte Einsatzzeit im Vergleich zu der nicht optimierten Strategie aufweist.

# 3 Voruntersuchungen und Fahrzeugsimulation

In diesem Kapitel werden theoretische und simulative Voruntersuchungen zu möglichen Effizienz- und Fahrleistungssteigerungen für BEV mit mehrstufigen Getrieben durchgeführt und die für die Erstellung einer Betriebsstrategie verwendete Fahrzeugsimulation vorgestellt. Zunächst erfolgt die Definition eines geeigneten Referenzfahrzeugs, welches als Grundlage für alle weiteren Untersuchungen dient. Daraufhin wird die Fahrzeugsimulation vorgestellt, welche mithilfe von MathWorks Simscape realisiert wird und eine physikalisch-basierte Modellierung zentraler Antriebskomponenten ermöglicht. Im Anschluss werden die eingesetzten Fahrzyklen im Detail erläutert sowie die Parametrierung des Modells mit realitätsnahen Fahrzeugdaten beschrieben. Die darauf folgende Validierung stellt sicher, dass das Modell das tatsächliche Fahrverhalten mit ausreichender Genauigkeit bei angemessener Simulationsdauer abbildet. Abschließend wird untersucht, wie hoch das Potenzial zur Steigerung der Energieeffizienz und Fahrleistungen unter Verwendung eines mehrstufigen Getriebes ist.

## 3.1 Definition eines Fahrzeugs

Mit der Definition und Erläuterung der möglichen Antriebsstrangkomponenten in Kapitel 2.1 können Fahrzeuge und deren Layout beschrieben werden. Es wird ein Fahrzeuglayout zur Verwendung in der Simulation definiert, welches Eigenschaften aufweist, welche zu einer Synergie mit der angestrebten Betriebsstrategie führen. Durch die inhärenten Eigenschaften eines geeigneten Fahrzeuglayouts kann so die Effektivität der Betriebsstrategie weiter erhöht werden. Die Ziele sind eine gesteigerte Effizienz sowie verbesserte Fahrleistungen, was durch ein mehrstufiges Getriebe in Verbindung mit einer neuartigen Betriebsstrategie erreicht werden soll. Daraus geht hervor, dass folgende Eigenschaften wichtig sind:

**Rekuperation:** Das Fahrzeug muss in der Lage sein, einen hohen Anteil seiner kinetischen und potenziellen Energie durch Rekuperation zurückzugewinnen und in Form von elektrischer Energie in seiner HV-Batterie speichern zu können.


M. Jaksch, *Betriebsstrategien für batterieelektrische Personenkraftwagen mit mehrstufigen Getrieben*, Wissenschaftliche Reihe Fahrzeugtechnik Universität Stuttgart, https://doi.org/10.1007/978-3-658-52610-8_3

$$R = \frac{E_{\text{rekuperiert}}}{E_{\text{verfuegbar}}} = \frac{E_{\text{rekuperiert}}}{E_{\text{kin}} + E_{\text{pot}}} = \frac{E_{\text{rekuperiert}}}{\frac{1}{2} \cdot mv^2 + mgh} [\%] \quad \text{Gl. 3.1}$$

Dies wird durch Gl. 3.1 mit der Rekuperationsquote $R$ definiert. Der Geltungsbereich besteht dabei stets aus einem Streckenabschnitt mit definiertem Start und Ende. Dabei ist zu beachten, dass $R$ aufgrund von verlustbehafteten Prozessen niemals einen Wert von 100 % erreichen kann. Setzt man Gl. 3.1 in Bezug zu den Energieverlusten, welche bei jeder Fahrt auftreten, wird klar, wie $R$ erhöht werden kann:

$$E_{\text{rekuperiert}} = E_{\text{verfuegbar}} - E_{\text{verluste}} \quad \text{Gl. 3.2}$$

Gl. 3.2 zeigt, dass eine Verringerung der Verluste zu einer Erhöhung der rekuperierten Energie und somit zu einer Steigerung von $R$ führt. Die Verluste setzen sich unter anderem aus mechanischen Verlusten durch die Überwindung von Fahrwiderständen oder Reibungsverlusten im Antriebsstrang und aus elektrischen Verlusten wie ohmschen Verlusten und Schaltverlusten in der Leistungselektronik zusammen. [73] Die Reduktion der Fahrwiderstände durch die Gestaltung einer Karosserie mit niedrigem $c_{\text{W}}$-Wert, Reifen mit geringem $c_{\text{R}}$-Wert oder Gewichtsreduktion kann bei allen Pkw angewandt werden und ist eine gängige Praxis, gerade bei BEVs (vgl. [91]). In diesem Abschnitt liegt der Fokus bei der Fahrzeugdefinition auf der Steigerung der Effizienz durch die Reduktion von Verlusten im Antriebsstrang.

Aufgrund der hohen Leistungsdichte und des im Vergleich zu anderen Maschinentypen höheren Wirkungsgrades fällt die Wahl auf eine PMSM [67]. Für die Leistungselektronik wird ein Umrichter mit Siliziumkarbid (SiC)-Feldeffekttransistoren (engl. *Metal-Oxide-Semiconductor Field-Effect Transistors*) (MOSFETs) eingesetzt, da diese im Vergleich zu herkömmlichen Bipolartransistoren (engl. *Insulated Gate Bipolar Transistors*) (IGBTs) geringere Schaltverluste und höhere Schaltfrequenzen aufweisen. Dadurch lassen sich die elektrischen Verluste weiter minimieren und die Gesamteffizienz des Systems, gerade bei Rekuperationsvorgängen, steigern [84].

Des Weiteren muss die maximal mögliche Rekuperationsleistung $P_{\text{Rek,max}}$ möglichst hoch sein, damit auch in dynamischen Fahrsituationen eine geringe mechanische Bremsleistung $P_{\text{Brems,mech}}$ benötigt wird und die Rekuperationsquote auf einem hohen Niveau bleibt [73].

**Leichtbauweise:** Basierend auf den in Kapitel 2.1 definierten Antriebsstrangkomponenten wird für die Untersuchungen in dieser Arbeit ein BEV mit einem Elektromotor, einer leicht überdurchschnittlichen Batteriekapazität und einer moderaten Motorleistung gewählt. Dieser Ansatz reduziert Komplexität, Gewicht und Verluste deutlich, was eine hohe Rekuperationsquote *R* begünstigt. Speziell führt der vereinfachte Antriebsstrang zu geringeren mechanischen und elektrischen Verlusten, wodurch sich die Effizienz steigern lässt.

Die Batteriekapazität stellt einen ausgewogenen Kompromiss zwischen Reichweite, Kosten und Masse dar, indem sie einerseits ausreichend Energie für typische Fahrprofile bereitstellt, andererseits aber das Gesamtfahrzeug nicht unnötig schwer macht. Eine zu kleine Batterie würde die Reichweite einschränken und die Nutzung der Betriebsstrategie im Praxisbetrieb erschweren, während eine zu große Batterie das Fahrzeuggewicht und damit die Verluste erhöht. 2023 entsprach die geschätzte, mittlere Batteriekapazität aller weltweit verkauften BEVs 48 kWh und es wird erwartet, dass dieser Wert auf 57 kWh im Jahr 2030 ansteigt [27].

Für die Antriebseinheit wird eine PMSM gewählt, da sie hohe eine Effizienz sowie Drehmoment- und Leistungsdichte bietet und damit bei kompakter Bauweise hohe Leistungen ermöglicht [67]. Dies trägt zusätzlich zur Reduzierung des Gesamtgewichts des Fahrzeugs bei und unterstützt somit die angestrebte Leichtbauweise. Die Wahl einer moderaten Motorleistung orientiert sich am aktuellen Stand der Technik und stellt sicher, dass das Fahrzeug sowohl im urbanen als auch im außerstädtischen Verkehr über ausreichend Leistung für typische Fahrsituationen verfügt. Eine solche Auslegung ermöglicht es, die Balance zwischen ausreichender Fahrdynamik und Energieeffizienz zu wahren, was für die praktische Anwendbarkeit und Akzeptanz von BEVs entscheidend ist. Eine zu gering gewählte Motorleistung kann Einfluss auf die Ergebnisse dieser Arbeit haben, da die Motorleistung von BEVs bei Bremsvorgängen mit Rekuperation relevant ist. Übersteigt die vom Fahrer mit dem Bremspedal angeforderte Bremsleistung die Motorleistung, wird die überschüssige Energie des Fahrzeugs in den mechanischen Bremsen in Wärme gewandelt, was die Rekuperationsquote *R* senkt.

**Fahrbarkeit**: BEVs zeichnen sich durch eine besonders gleichmäßige und lineare Kraftentfaltung aus, was auf die typischen in Kapitel 2.1 vorgestellten Drehzahl/Drehmomentkennlinien von EMs zurückzuführen ist. Die Umsetzung des Fahrerwunsches geschieht extrem rasch, die Gesamtverzögerung im Antriebsstrang von modernen BEVs liegt bei etwa 50 ms bis 200 ms [69][41] und damit deutlich geringer als bei verbrennungsmotorischen Antriebssträngen, welche bei 500 ms und aufwärts liegen [7]. Eine deutlich geringere Geräusch- und Vibrationsentwicklung deuten auf eine dem Verbrennungsmotor überlegene NVH-Charakteristik hin.

Diese Eigenschaften sollen durch ein mehrstufiges Getriebe und die damit verbundenen Schaltvorgänge nicht oder nur marginal beeinträchtigt werden, weshalb sich ein DKG dafür eignet. Diese sind in der Lage, Schaltvorgänge mit minimaler Zugkraftunterbrechung durchzuführen, und weisen die geringsten Verluste aller Automatikgetriebetypen auf [39]. In der vorliegenden Arbeit wird kein durch Reifenhaftung limitiertes Hochleistungsfahrzeug definiert, da das Hauptaugenmerk auf der Analyse von Effizienz und Verlusten im Antriebsstrang liegt. Darüber hinaus soll das Fahrzeug auch bei hoher Rekuperationsleistung seine Fahrstabilität beibehalten, um sowohl verlässliche als auch realitätsnahe Simulationsergebnisse zu gewährleisten. Die daraus resultierenden Fahreigenschaften unterstützen sowohl Komfort als auch Effizienz und tragen entscheidend zum subjektiven Qualitätseindruck bei.

**Fahrzeuglayout**: In Bezug auf Fahrzeuglayouts haben BEVs aufgrund der höheren Leistungsdichte und den anteilig geringeren Verlusten einen Vorteil gegenüber ICEVs und PHEVs, was die Positionierung der Antriebseinheit, bestehend aus Leistungselektronik und EM, angeht. Dafür sind BEVs bei der Positionierung des Energiespeichers eingeschränkt, was mit der im Vergleich zu Benzin und Dieselkraftstoff deutlich geringeren Energiedichte von aktuellen HV-Batterien zu begründen ist [80].

**Tabelle 3.1:** NEDO Batterie Roadmap 2013. Eigene Darstellung nach [80]

| *Zeit* | 2011 | 2020 | 2030 | >2030 |
|---|---|---|---|---|
| Energied. in Wh/kg | 60–100 | 250 | 500 | 700 |
| Leistungsd. in W/kg | 330–600 | <1500 | <1500 | <1500 |
| Kosten in €/kWh | 700–1000 | <200 | ca. 100 | ca. 50 |
| Lebensd. in a | 5–10 | 10–15 | 10–15 | 10–15 |
| Zyklen | 500–1000 | 1000–1500 | 1000–1500 | 1000–1500 |
| Reichweite in km | 120–220 | 250–350 | 500 | 700 |
| Gewicht in kg | 200–300 | 100–140 | 80 | 80 |
| Größe in kWh | 16–24 | 25–35 | 40 | 56 |
| Wertschöpfung in % | 40–60 | 25–40 | 20–25 | <20 |

In Tabelle 3.1 sind verschiedene prognostizierte Batteriekennzahlen aufgelistet, unter anderem die gravimetrische Energiedichte. Die Prognose deckt sich in diesem Fall mit der tatsächlichen Entwicklung; der chinesische Batteriehersteller CATL hat für 2027 Batterien mit einer Energiedichte von 500 Wh/kg angekündigt [15]. Dieselkraftstoff und Benzin haben eine Energiedichte von 11,9 kWh/kg bzw.

12 kWh/kg. Damit haben die Energiespeicher von ICEVs eine um etwa Faktor 25 höhere Energiedichte als die Speicher von BEVs. Obwohl elektrische Antriebsstränge etwa um den Faktor 2-3 effizienter als verbrennungsmotorische sind, wird für die gleiche Reichweite ein Energiespeicher benötigt, welcher 8-12 mal so viel Masse hat wie ein gefüllter Kraftstofftank. Dieser Nachteil relativiert sich etwas durch die Verwendung von Skateboard-Plattformen für BEVs, welche in [61] beschrieben sind. Diese Bauweise hat sich bei modernen BEVs durchgesetzt und ermöglicht neben Vorteilen wie Modularität, Senkung der Produktionskosten und des Gewichts einen niedrigen Schwerpunkt, welcher sich positiv auf die Fahreigenschaften eines Fahrzeugs bezüglich Fahrstabilität und Kurvenverhalten (vgl. [36] Seite 116 f.) auswirkt. Damit haben moderne BEVs, welche auf einer Skateboard-Plattform basieren, einen Vorteil bei der vertikalen Gewichtsverteilung in Form eines niedrigen Fahrzeugschwerpunkts.

Um eine hohe Rekuperationsquote $R$ erreichen zu können, muss ein Fahrzeug in der Lage sein, eine hohe Rekuperationsleistung aufnehmen zu können, ohne dass dessen Fahrstabilität kompromittiert wird. Eine hohe Bremsverzögerung, wie sie bei Rekuperationsvorgängen mit hoher Leistung auftritt, führt zu starken Lastverlagerungen zwischen Vorder- und Hinterachse. Ist die Bremskraftverteilung dabei nicht optimal abgestimmt, kann es passieren, dass entweder die Vorder- oder Hinterräder zu stark belastet werden oder im schlimmsten Fall sogar blockieren. Diese Ungleichverteilung begünstigt instabile Fahrzustände, etwa wenn die Hinterachse zum Übersteuern neigt oder die Vorderachse bei zu hoher Bremskraft in Kurven ihre Seitenführung verliert. In beiden Fällen verschlechtert sich die Kontrolle über das Fahrzeug, was insbesondere bei plötzlichen Bremsmanövern oder auf rutschigen Fahrbahnen zu gefährlichen Situationen führen kann. Eine Veröffentlichung von Spichartz et al. [72] vergleicht die rekuperierte Energie eines BEVs mit Front-, Hinterrad- und Allradantrieb während eines Durchlauf des NEFZ bei idealer Bremskraftverteilung in Bezug auf die Fahrstabilität. Dabei liegt die normierte, rekuperierte Energie für eine ideale Bremskraftverteilung nach [74] für das BEV mit Allradantrieb bei 100 %, für den Frontantrieb bei 57,5 % und den Hinterradantrieb bei 43,4 %.

Für die Untersuchungen in dieser Arbeit wird ein BEV gewählt, das mit einer 175 kW starken PMSM, betrieben von einem SiC-Umrichter, ausgestattet ist, um die elektrischen Verluste kleinzuhalten und die Rekuperationsquote zu maximieren [84][67]. Eine 60 kWh große HV-Batterie liegt dabei leicht im überdurchschnittlichen Bereich und stellt dabei einen ausgewogenen Kompromiss aus Fahrzeugmasse,

Reichweite und Kosten dar [27]. Für das Getriebe wird ein DKG gewählt. Dieses bietet den Vorteil, Schaltvorgänge ohne nennenswerte Zugkraftunterbrechung durchzuführen, womit die natürliche Fahrweise eines BEV nicht negativ beeinträchtigt wird. Zudem haben DKGs den höchsten Wirkungsgrad aller geeigneten Getriebetypen und deren Verwendung ist damit zuträglich für die Effektivität der Betriebsstrategie [39]. Die Positionierung des Energiespeichers im Fahrzeugboden senkt den Schwerpunkt und die Wahl der angetriebenen Vorderachse sorgt für eine Lastverteilung, welche eine hohe Rekuperationsquote bei guter Fahrstabilität begünstigt [72]. Die restlichen, für die Fahrzeugsimulation relevanten Daten ergeben sich aus Durchschnittswerten für ein Fahrzeug der beschriebenen Machart. Diese belaufen sich auf ein für die Mittelklasse typisches Gesamtfahrzeuggewicht von 2000 kg, eine Stirnfläche von 2,3 $m^2$, ein $c_W$-Wert von 0,3 sowie ein Rollwiderstandsbeiwert von 0,015. Die Daten des definierten Fahrzeugs sind in Tabelle 3.2 zusammengefasst.

**Tabelle 3.2:** Daten des definierten Testfahrzeugs in der Übersicht

| **Eigenschaft** | **Wert** |
|---|---:|
| Plattformtyp | Skateboard |
| Layout | FF |
| Umrichter | SiC |
| Motortyp | PMSM |
| Motorleistung | 175 kW |
| Motordrehmoment | 400 Nm |
| Batteriekapazität | 60 kWh |
| Fahrzeugmasse | 2000 kg |
| cw-Wert | 0,3 |
| Stirnfläche | 2,3 $m^2$ |
| Reifendurchmesser | 0,68 m |
| Rollwiderstandskoeffizient | 0,015 |

## 3.2 Simulationsumgebung und betrachtete Fahrzyklen

In diesem Kapitel wird ein Simulationsansatz zur Abbildung des Fahrzeugverhaltens auf Basis von MathWorks Simscape und physikalischen Domänenmodellen vorgestellt. Im Zentrum steht ein Einspurmodell, welches mit Effizienz- und Verlustkennfeldern für Traktionsinverter, EM und Reduktionsgetriebe bedatet wurde, die aus Messdaten eines Einachs-HiL-Antriebsstrangprüfstand erstellt wurden. Als Grundlage für das Simulationsmodell dient das von MathWorks veröffentliche Modell „Simscape-Battery-Electric-Vehicle-Model“, welches umfangreich erweitert und auf die Anforderungen dieser Arbeit angepasst wurde. Als zentrale Eingabe dient eine zeitabhängige Sollgeschwindigkeit $v(t)$, die beschreibt, welche Geschwindigkeit das Fahrzeug idealerweise zu jedem Zeitpunkt erreichen soll, beispielsweise in der Form von standardisierten Fahrzyklen. Ein Fahrermodell vergleicht die aktuelle Fahrzeuggeschwindigkeit mit dem Sollwert und erzeugt daraus eine entsprechende Drehmomentanforderung an den elektrischen Antrieb. Ergänzt wird das Fahrzeugmodell durch eine in Simulink Stateflow umgesetzte Schaltlogik, womit die Schaltstrategie realisiert wird. Im weiteren Verlauf des Kapitels werden die Auswahl der Fahrzyklen, die zugrundeliegende Modellstruktur sowie die Parametrierung und Validierung des Simulationsmodells aufgezeigt.

### 3.2.1 Betrachtete Fahrzyklen

Zur Durchführung der Voruntersuchungen wurden 6 repräsentative Fahrzyklen ausgewählt, die jeweils gemischte Anteile aus verschiedenen Fahrprofilen wie Stadtverkehr, Überlandfahrten und Autobahnabschnitte enthalten. Durch diese Auswahl wird sichergestellt, dass die Simulationsergebnisse eine realitätsnahe und umfassende Bewertung des Modellverhaltens unter verschiedenen Last- und Dynamikanforderungen ermöglichen. Außerdem wird eine Daten- und Fahrwiderstandsanalyse der gewählten Fahrzyklen durchgeführt. Dazu wurden die Zeit-Geschwindigkeitsprofile der ausgewählten Fahrzyklen sowie die Daten des Beispielfahrzeugs aus Tabelle 3.2 verwendet. Die Luft- (Gl. 3.3) und Rollwiderstandskraft (Gl. 3.4) können direkt aus dem $v$-$t$-Profil der Fahrzyklen berechnet werden:

$$F_{\text{Luft}} = \frac{1}{2} \cdot \rho \cdot c_w \cdot A \cdot v \qquad \text{Gl. 3.3}$$

$$F_{\text{Roll}} = c_r \cdot m \cdot g \cdot cos(\theta) \qquad \text{Gl. 3.4}$$

Die Trägheitskraft kann mit Hilfe des Prinzips der äquivalenten Masse berechnet werden. Dieses beruht darauf, dass nicht nur die Fahrzeugmasse, sondern auch die Massenträgheit der rotierenden Räder der Fahrzeugbeschleunigung entgegenwirkt.

Setzt man die kinetische Energie mit der Rotationsenergie gleich, kann unter Ausnutzung des Energieerhaltungssatzes nach der äquivalenten Masse $m_{\text{eff}}$ aufgelöst werden. Es kann also beschrieben werden, welche Masse nötig wäre, um dieselbe kinetische Energie ausschließlich durch translatorische Bewegung zu erreichen. Daraus folgt, dass die Rotationsenergie der Räder als eine zusätzliche, äquivalente Masse betrachtet werden kann, welche zur reinen Fahrzeugmasse addiert wird, womit die gesamte Trägheitskraft nach $F = m \cdot a$ berechnet werden kann:

$$E_{\text{kin}} = E_{\text{rot}} \qquad \text{Gl. 3.5}$$

$$\frac{1}{2} \cdot m_{\text{eff}} \cdot v^2 = \frac{1}{2} \cdot I \cdot \omega^2 \qquad \text{Gl. 3.6}$$

Mit $v = r \cdot \omega$:

$$m_{\text{eff}} \cdot v^2 = I \cdot \frac{v^2}{r^2} \qquad \text{Gl. 3.7}$$

$$m_{\text{eff}} = \frac{I}{r^2} \qquad \text{Gl. 3.8}$$

Damit ergibt sich die zur Berechnung der Trägheitskraft genutzte Masse als:

$$m_{\text{gesamt}} = m_{\text{Fzg}} + 4 \cdot \frac{I_{\text{Rad}}}{r_{\text{Rad}}^2} \qquad \text{Gl. 3.9}$$

Das Trägheitsmoment der Räder wird aufgrund nicht vorhandener Messungen oder Literaturangaben geschätzt. Ein Reifendurchmesser von 0,68 m entspricht einem Rad mit einer 19 Zoll Leichtmetallfelge und einem ungefähren Gewicht von 15 kg. Wird das Rad als ringförmiger Körper modelliert, gilt $I = 0,5 \cdot m \cdot r^2$, was zu einem Trägheitsmoment von 1,73 kgm$^2$ führt. Mit Gl. 3.8 ergibt sich ein $m_{\text{eff}}$ von 15,2 kg und eine effektive Gesamtmasse von 2060,8 kg. Aus den Fahrwiderständen kann mit $P = F \cdot v$ die nötige Leistung berechnet werden, welche das Beispielfahrzeug mit den Daten aus Tabelle 3.2 am Rad aufwenden muss, um dem Geschwindigkeitsprofil des betrachteten Fahrzyklus folgen zu können. Dabei wird die Leistung für negative Werte auf null gesetzt, das Fahrzeug rekuperiert auf seiner virtuellen Fahrt also nicht. Die kumulierte Energie erhält man aus einer Integration der Leistung über die Zeit.

**Neuer Europäischer Fahrzyklus (NEFZ):** Der NEFZ ist ein von der Wirtschaftskommission der Vereinten Nationen für Europa (engl. *United Nations Economic Commission for Europe*) (UNECE) im Jahr 1992 eingeführter Fahrzyklus, welcher über Jahrzehnte hinweg in Europa zur Messung von Kraftstoffverbrauch und

Emissionen für Pkw herangezogen wurde. Ziel bei seiner Konzeption war es, einen möglichst einheitlichen und reproduzierbaren Vergleich verschiedener Fahrzeugmodelle zu ermöglichen, ohne dabei zu sehr von variablen Faktoren wie Fahrverhalten oder Umweltbedingungen beeinflusst zu werden. Für diesem Zweck wurden synthetische Fahrprofile zusammengestellt, die aus fest definierten Laststufen oder Konstantpunkten, welche mit linearen Beschleunigungs- und Verzögerungsphasen verbunden sind, bestehen. Des Weiteren ist der NEFZ in einen Stadtteil und eine außerstädtische Phase eingeteilt, welche sich an den typischen Geschwindigkeitsbereichen für diese Szenarien orientieren. Durch diese relativ konservative Ausgestaltung ergeben sich im Vergleich zur Praxis oftmals niedrigere Verbrauchs- und Emissionswerte, da insbesondere kurzzeitige Lastspitzen, Schnellfahrphasen oder abrupte Beschleunigungsmanöver kaum abgebildet werden. Der NEFZ ist in der EU-Verordnung ECE R 101 definiert [21]. In Abbildung 3.1 wird ein Überblick über die Geschwindigkeit, Leistung und kumulierte Energie über die Zeit im NEFZ für das Beispielfahrzeug aus Tabelle 3.2 gegeben.

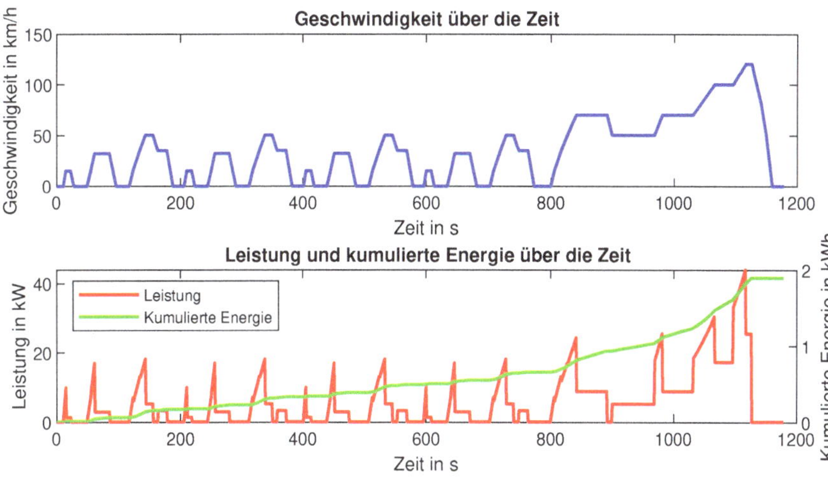


**Abbildung 3.1:** Geschwindigkeit, Leistung und Kumulierte Energie über die Zeit im NEFZ für das Beispielfahrzeug aus Tabelle 3.2

**WLTC:** Der WLTC ist ein von der UNECE im Jahr 2017 entwickelter Fahrzyklus, welcher weltweit zur Verbrauchs- und Emissionsbestimmung für Pkw verwendet wird. In den folgenden Betrachtungen wird stets der vollständige Zyklus mit einer

Dauer von 1800 s zugrunde gelegt. Ziel bei der Entwicklung war, eine realistische und zeitgemäße Abbildung moderner Fahrbedingungen zu gewährleisten und sich so von rein synthetischen Tests, welche teilweise aus verschiedenen aneinandergereihten Laststufen mit linearen Übergängen bestanden (vgl. NEFZ), abzuheben. So ist das Geschwindigkeitsprofil dynamischer gestaltet, indem es schnellere, teilweise nichtlineare Beschleunigungsphasen mit kurzen Bremsvorgängen kombiniert und insgesamt durch Geschwindigkeitsschwankungen näher an einer realen Fahrzeugmessung als vorherige Fahrzyklen ist. Neben den strukturellen Anpassungen wurden auch die zurückgelegte Distanz mehr als verdoppelt und die durchschnittlich nötige Radleistung für Fahrzeuge mit durchschnittlichen Leistungs- und Fahrwiderstandsparametern um mehr als 50 % angehoben, um sich an real vorkommenden Werten zu orientieren. Der WLTC ist in der EU-Verordnung 2017/1151 definiert [22]. Auf Abbildung 3.2 wird ein Überblick über die Geschwindigkeit, Leistung und kumulierte Energie über die Zeit im WLTC für das Beispielfahrzeug aus Tabelle 3.2 gegeben.

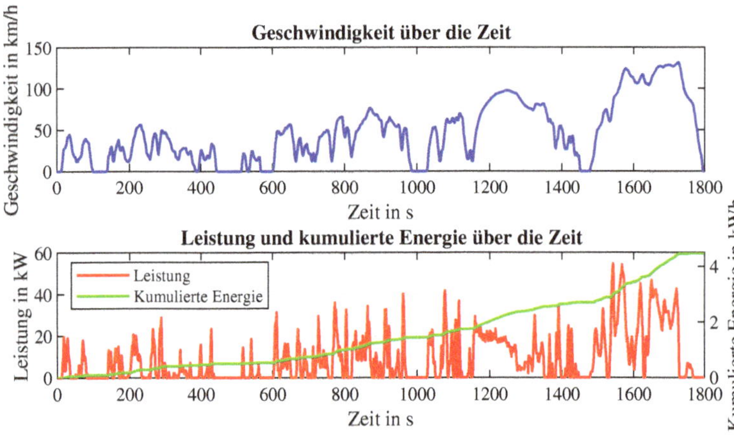


**Abbildung 3.2:** Geschwindigkeit, Leistung und kumulierte Energie über die Zeit im WLTC für das Beispielfahrzeug aus Tabelle 3.2

**FTP-75:** Der FTP-75 ist ein Fahrzyklus, welcher von der EPA im Jahr 1975 für die Messung von Kraftstoffverbrauch und Emissionen entwickelt wurde. Ziel bei seiner Konzeption war es, ein standardisiertes Prüfverfahren für den überwiegenden Stadtverkehr zu schaffen, das sowohl bei niedrigen als auch bei moderaten

Geschwindigkeiten reproduzierbare und vergleichbare Ergebnisse liefert. Dazu kombiniert der FTP-75 verschiedene Phasen wie einen Kaltstart und Stadtteil, in denen das Fahrzeug definierte Geschwindigkeitsprofile durchläuft. Ähnlich dem NEFZ zeigt sich jedoch in der praktischen Anwendung, dass insbesondere höhere Lastspitzen und abruptere Beschleunigungsmanöver im Zyklus nur bedingt Berücksichtigung finden, was zu Abweichungen zwischen Prüfstands- und Realverbräuchen führt. Der FTP-75 ist in §1066.801(c)(1) im Federal Code of Regulation 40 definiert [87]. In Abbildung 3.3 wird ein Überblick über die Geschwindigkeit, Leistung und kumulierte Energie über die Zeit im FTP-75 für das Beispielfahrzeug aus Tabelle 3.2 gegeben.

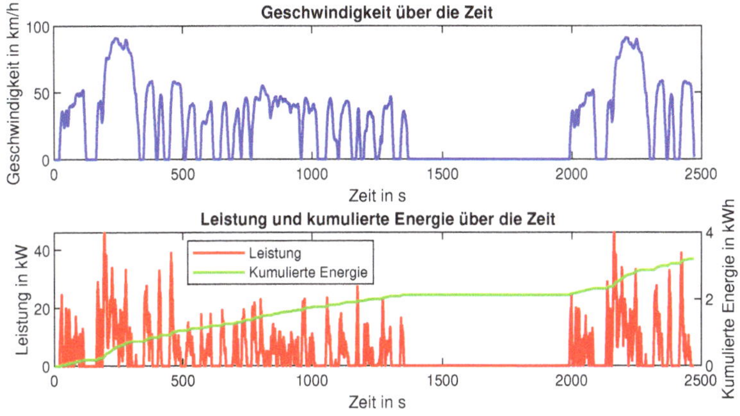


**Abbildung 3.3:** Geschwindigkeit, Leistung und kumulierte Energie über die Zeit im FTP-75 für das Beispielfahrzeug aus Tabelle 3.2

**HWFET:** Der HWFET ist ein von der EPA im Jahr 1974 entwickelter Fahrzyklus mit den Zielen, den Kraftstoffverbrauch und die damit verbundenen Emissionen bei vorwiegend gleichmäßiger Autobahnfahrt quantifizieren zu können. Während bei anderen Zyklen aus derselben Zeit vor allem städtische Geschwindigkeitsprofile berücksichtigt werden, liegt der Fokus beim HWFET auf höheren Geschwindigkeiten und längeren, konstanten Fahrphasen, wie sie auf amerikanischen Highways typisch sind. Das Geschwindigkeitsprofil umfasst dabei moderatere Beschleunigungen und Verzögerungen sowie längere Abschnitte mit relativ gleichbleibender Fahrt. Ähnlich wie beim NEFZ führt diese Gestaltung dazu, dass insbesondere dynamische Fahrereignisse wie plötzliches Bremsen oder zügige Überholvorgänge nicht hinreichend erfasst werden und somit eine gewisse Differenz zwischen Prüfstandswerten und realen Verbräuchen entsteht. Der Zyklus bildet unter anderem die Grundlage für die offizielle Verbrauchskennzeichnung von Neufahrzeugen in den USA, wird jedoch nicht für europäische Typgenehmigungsverfahren eingesetzt. Der HWFET ist in §1066.801(c)(5) im Federal Code of Regulation 40 definiert [87]. In Abbildung 3.4 wird ein Überblick über die Geschwindigkeit, Leistung und kumulierte Energie über die Zeit im HWFET für das Beispielfahrzeug aus Tabelle 3.2 gegeben.

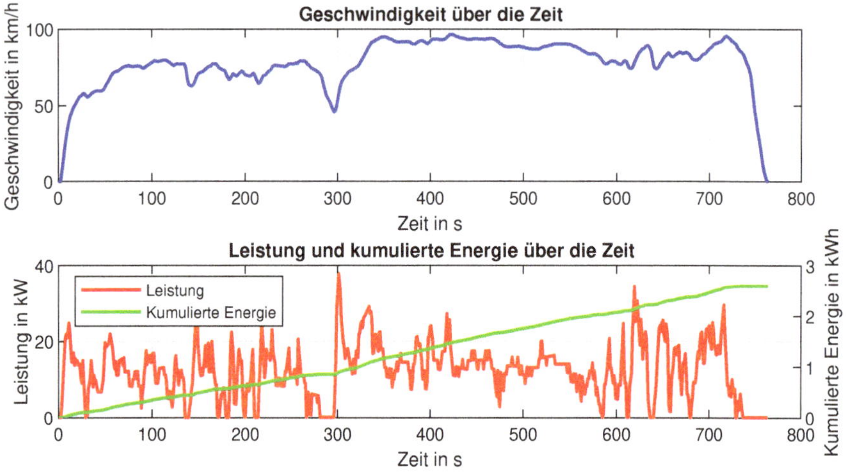


**Abbildung 3.4:** Geschwindigkeit, Leistung und kumulierte Energie über die Zeit im HWFET für das Beispielfahrzeug aus Tabelle 3.2

**US06:** Der US06-Fahrzyklus wurde von der EPA im Jahr 1999 entwickelt, um hochdynamische Fahrbedingungen, welche in früheren Prüfzyklen wie dem FTP-75 und dem HWFET nur unzureichend berücksichtigt wurden, abzubilden. Dazu beinhaltet der Zyklus Anteile mit starken Beschleunigungen und Verzögerungen sowie schnellen, intensiven Lastwechseln, wie sie beispielsweise beim Stop-and-Go Verkehr zwischen innerstädtischen Ampeln auftreten. Damit stellt der US06 einen der anspruchsvollsten, standardisierten Fahrzyklen zur Bestimmung von Kraftstoffverbrauch und Emissionen dar. Trotz seiner Nähe zur Praxis wird der US06 jedoch nicht als alleinige Grundlage für Typgenehmigungsverfahren verwendet, sondern ergänzt bestehende Testverfahren zur präziseren Abschätzung des Verbrauchsverhaltens in realitätsnahen Fahrsituationen. Der US06 ist in §1066.801(c)(2) im Federal Code of Regulation 40 definiert [87]. In Abbildung 3.5 wird ein Überblick über die Geschwindigkeit, Leistung und kumulierte Energie über die Zeit im US06 für das Beispielfahrzeug aus Tabelle 3.2 gegeben.

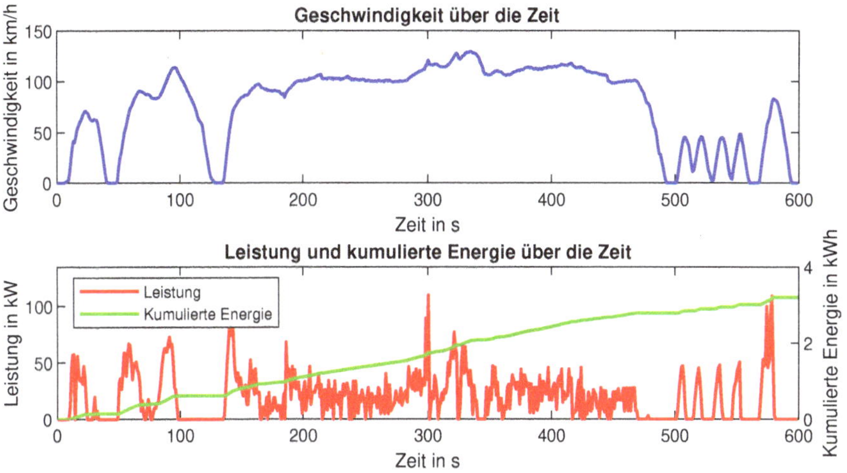


**Abbildung 3.5:** Geschwindigkeit, Leistung und kumulierte Energie über die Zeit im US06 für das Beispielfahrzeug aus Tabelle 3.2

**ARTEMIS Highway 150 km/h**: Der ARTEMIS-Highway 150 km/h ist ein hochdynamischer Zyklus, welcher Fahrzustände auf Autobahnen abbildet und dadurch realitätsnahe Emissions- und Verbrauchswerte auf dem Prüfstand produziert. Im Gegensatz zu Fahrzyklen mit linearen Übergängen zwischen konstanten Betriebspunkten wie dem NEFZ besteht dieser Zyklus aus einer Abfolge von Beschleunigungen, Bremsmanövern und quasistationären Fahrphasen bei Geschwindigkeiten von bis zu 150 km/h. Dadurch spiegelt der Zyklus sowohl moderates als auch schnelles Autobahnfahren wider, wobei auch kurzzeitige Lastspitzen und höhere Drehzahlen berücksichtigt werden, wie sie im realen Verkehrsgeschehen auftreten. Der Fahrzyklus wurde im Rahmen des ARTEMIS (Assessment and Reliability of Transport Emission Models and Inventory Systems) Projekt entwickelt und vom fünften Rahmenprogramm der Europäischen Kommission (FP5) finanziert. Das Ziel, realitätsnahe Fahrzyklen zur detaillierten Analyse von Emissionen zu entwickeln wurde erreicht, jedoch werden die Artemis Zyklen nicht für amtliche Typgenehmigungsverfahren verwendet [5]. In Abbildung 3.6 wird ein Überblick über die Geschwindigkeit, Leistung und kumulierte Energie über die Zeit im ARTEMIS-Highway 150 km/h für das Beispielfahrzeug aus Tabelle 3.2 gegeben.

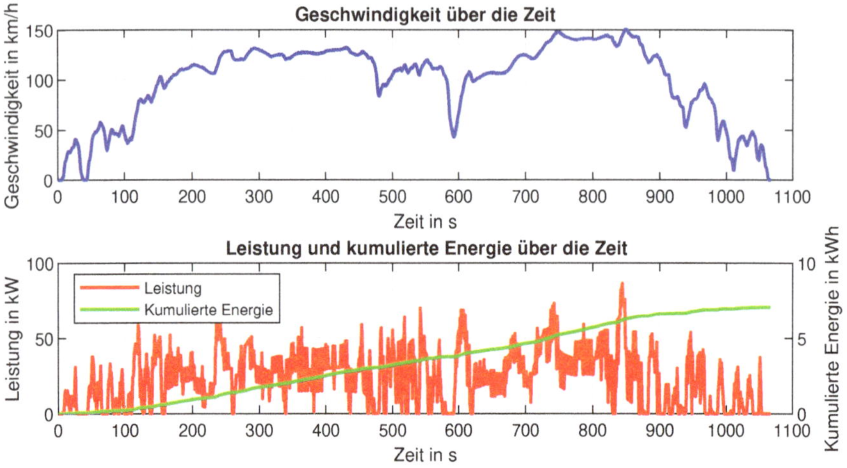


**Abbildung 3.6:** Geschwindigkeit, Leistung und kumulierte Energie über die Zeit im ARTEMIS-Highway 150 km/h für das Beispielfahrzeug aus Tabelle 3.2

**Datenanalyse der Fahrzyklen:** Tabelle 3.3 bietet eine vergleichende Übersicht relevanter Kennwerte der ausgewählten Fahrzyklen. Diese beinhalten den Energieverbrauch absolut und bezogen auf die Fahrstrecke, die Gesamtlänge des Zyklus sowie fahrdynamische Kenngrößen wie maximale Antriebs- und Radmomente, Geschwindigkeit und Leistungsanforderungen, bezogen auf das Beispielfahrzeug in Tabelle 3.2. Besonders auffällig sind die Unterschiede in der Zykluslänge und den Spitzenwerten bei Geschwindigkeit und Leistung, was die Heterogenität der Zyklen und deren unterschiedliche Eignung für die Bewertung bestimmter Streckenprofile unterstreicht. Die untersuchten Fahrzyklen unterscheiden sich deutlich in ihren Fahrprofilen und decken somit eine große Bandbreite typischer Einsatzbedingungen ab, was eine belastbare Grundlage für simulationsgestützte Effizienzbewertungen und die Auslegung von Betriebsstrategien schafft. Die zugrunde liegenden Fahrwiderstandskräfte der verwendeten Fahrzyklen mit dem betrachteten Beispielfahrzeug sind in Anhang A.1 detailliert aufgeführt.

**Tabelle 3.3:** Vergleich verschiedener Fahrzyklen

| Zyklus | NEFZ | WLTC | HWFET | US06 | FTP-75 | ART. |
|---|---|---|---|---|---|---|
| $E$ in kWh | 1.98 | 4.69 | 2.63 | 3.4 | 3.48 | 7.2 |
| $E$ in kWh/100 km | 17.97 | 20.15 | 15.93 | 26.38 | 19.58 | 24.37 |
| Strecke in km | 11.02 | 23.27 | 16.51 | 12.89 | 17.77 | 29.55 |
| Max. $T_{Rad}$ in Nm | 734.2 | 1122.2 | 978 | 2415.6 | 1019.6 | 1284.9 |
| ...bei km/h | 15 | 20 | 27.84 | 23.98 | 44.74 | 35.2 |
| $\oslash P_{rad}$ in kW | 6.04 | 9.38 | 12.37 | 20.45 | 5.06 | 24.3 |
| Max. $P_{Rad}$ in kW | 44.54 | 58.37 | 40.89 | 116.06 | 51.26 | 89.06 |
| $\oslash v$ in km/h | 33.66 | 46.56 | 77.78 | 77.45 | 25.88 | 99.68 |
| Max. $v$ in km/h | 120 | 131.3 | 96.4 | 129.23 | 91.25 | 150.4 |

### 3.2.2 Modell und Parametrierung

Das zugrunde liegende Modell bildet ein einspuriges BEV in Simulink mit elektrischen und mechanischen Domänen von Simscape ab. Auf eine thermische Modellierung wird verzichtet, da dies für den Betrachtungsgegenstand der Arbeit nicht relevant ist. Für die Bewertung unterschiedlicher Betriebsstrategien sind eine genaue Abbildung und Bilanzierung der Verluste innerhalb des Antriebsstrangs essenziell. Um dies zu erreichen ist es erforderlich, realitätsnahe Verluste auf Komponentenebene abzubilden. Prüfstandsmessungen liefern hierfür eine belastbare Grundlage und dienen gleichzeitig als Referenz für die Validierung der Simulationsergebnisse. Es wurden Inverter, elektrische Maschine und Getriebe separat vermessen, um Verlustkennfelder für die einzelnen Komponenten zu erstellen. Die Messungen wurden im Rahmen eines Kundenprojekts am Forschungsinstitut für Kraftfahrwesen und Fahrzeugmotoren Stuttgart (FKFS) durchgeführt, bei dem eine Vielzahl von Arbeitspunkten bei verschiedenen Temperaturen (Kühlmittel, Öl, Statorwicklungen, Rotor) sowie Spannungsebenen angefahren und nach einer Einschwingdauer aufgezeichnet und gemittelt wurden. Um die Geheimhaltungsvereinbarung zu wahren wurde die Validierung mit den unveränderten Kennfeldern durchgeführt, die Verluste jedoch normiert. Dies erlaubt eine Beurteilung der Modellgenauigkeit ohne Rückschlüsse auf die Kennfelder der einzelnen Komponenten zuzulassen. Für die Erstellung der Betriebsstrategie wurden die Kennfelder so modifiziert, dass sie qualitativ typische Verläufe vergleichbarer Komponententypen (z.B.

PMSMs, PWRs, Reduktionsgetriebe) widerspiegeln, jedoch quantitativ vollständig entkoppelt sind.

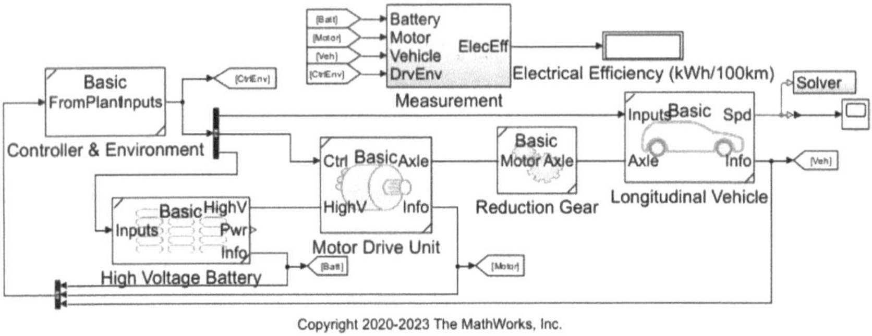


**Abbildung 3.7:** Top-Level-Ansicht des Simulationsmodells

In Abbildung 3.7 ist die Top-Level-Ansicht des Modells dargestellt. Es folgt eine kurze Erläuterung der Subsysteme, anschließend eine Übersicht der Anpassungen und darauf die Parametrierung des Modells.

**High Voltage Battery**: Die HV-Batterie des Fahrzeugs dient als Energiespeicher, aus dem im Zugbetrieb Energie entnommen und dem im Schubbetrieb bei Rekuperationsvorgängen wieder Energie zugeführt wird. Die HV-Batterie ist als Gleichspannungsquelle mit Innenwiderstand modelliert, was ausreichend genaue Simulationsergebnisse liefert. Dies ist darin begründet, dass die Simulation für das verwendete Beispielfahrzeug bei den ausgewählten Fahrzyklen selbst ohne Rekuperation nur einstellige kWh-Werte pro Durchlauf benötigt (vgl. Tabelle 3.3) und sich damit eine SOC-Abhängigkeit bei geschickt gewähltem Start-SOC nur minimal auf die Verluste auswirkt [8]. Die quadratische Abhängigkeit der Verluste des Stroms in der HV-Batterie ist durch $P = R * I^2$ gegeben.

**Controller & Environment**: Dieses Subsystem enthält das Fahrermodell sowie Blöcke zur Auswahl einer Geschwindigkeit-Zeit-Sollspur. Diese wird anhand der Gesamtübersetzung des Fahrzeugs im jeweiligen Gang in eine Soll-Motordrehzahl umgerechnet und die Differenz zur aktuellen Ist-Motordrehzahl dem Fahrermodell als Eingangsgröße gegeben. Das Fahrermodell berechnet eine Drehmomentanforderung, welche an die Motor Drive Unit übergeben wird.

**Motor Drive Unit**: Die Motor Drive Unit (MDU) enthält den Simscape Block „Motor & Drive (System-Level)“ und bildet eine PMSM samt PWR ab. Als Eingangsgröße erhält das Subsystem die Drehmomentanforderung aus dem Controller & Environment Block. Die Drehzahl-Drehmoment Kennlinie ist mit einem maximalen Drehmoment und einer maximalen Leistung parametriert, wodurch sich die typische Kennlinie einer PMSM ergibt (vgl. Abbildung 2.1). Die Verluste im Subsystem werden über ein gemeinsames Verlustkennfeld in Abhängigkeit der Motordrehzahl und des Motordrehmoments berechnet, welches die Verluste des PWR und der EM enthält. Damit gilt

$$P_{\mathrm{el}} = P_{\mathrm{mech}} + P_{\mathrm{V}} \qquad \text{Gl. 3.10}$$

wobei

$$P_{\mathrm{mech}} = M_{\mathrm{out,EM}} \cdot \omega \qquad \text{Gl. 3.11}$$

die an die Antriebsstrangkupplung abgegebene mechanische Leistung ist. Die Kombination der Verluste vermeidet eine aufwändige Abbildung von Schaltvorgängen der Leistungshalbleiter im PWR und den sich ergebenden Phasenströmen, sodass die Rechendauer des Modells angemessen bleibt. Parallel zum „Motor & Drive (System-Level)“ Block ist ein Feder-Dämpfer-Element angeordnet, welches die Torsionssteifigkeit $k_{\mathrm{Welle}}$ und die Dämpfung $d_{\mathrm{Welle}}$ der Motorwelle nachbildet. Dieses Element filtert hochfrequente Lastwechsel und bremst den Rotor bei geöffneter Antriebsstrangkupplung, was die Untersuchung von Anregungen im Antriebsstrang ermöglicht, ohne die MDU-Rechenlast zu erhöhen.

**Reduction Gear**: Dieses Subsystem passt die Motordrehzahl der EM an die im Fahrbetrieb benötigte Raddrehzahl an. Dafür wird im Modell im Ausgangszustand ein festes Übersetzungsverhältnis verwendet, was bei üblichen einstufigen Reduktionsgetrieben für BEVs im Bereich von $i = 8 : 1$ bis $i = 12 : 1$ liegt. Zur Abbildung der Verluste wird der Block „Simple Gear with Variable Efficiency“ verwendet und mit einem Verlustkennfeld in Abhängigkeit der Drehzahl und des Drehmoments am Eingang des Subsystems bedatet. Dies hat den Vorteil, dass sämtliche Verluste nicht einzeln modelliert werden müssen, sondern direkt aus dem realitätsnahen Verlustkennfeld berechnet werden können.

$$M_{\mathrm{out,Get}} = M_{\mathrm{out,EM}} \cdot i \cdot \eta_{\mathrm{Get}}(\omega, M_{\mathrm{out,EM}}) \qquad \text{Gl. 3.12}$$

Das Ausgangsdrehmoment zum Longitudinal Vehicle Block ergibt sich mit Gl. 3.12.

**Longitudinal Vehicle**: Der Fahrzeugkörper ist durch dieses Subsystem repräsentiert. Über den rotatorischen Anschluss Axle wird das Achsdrehmoment aus dem

Antriebsstrang in eine translatorische Bewegung überführt, sodass der Block gemäß Newtons erstem Gesetz die Fahrgeschwindigkeit und deren Ableitung bestimmt. Die Fahrwiderstände in Form von Rollwiderstand der Reifen, aerodynamischen Strömungswiderständen, Hangabtriebskraft durch Straßenneigung sowie Windanströmung werden dabei nach Gl. 3.13 zu einer resultierenden Gegenkraft $F_{\mathrm{FW}}$ zusammengefasst:

$$F_{\mathrm{FW}} = F_{\mathrm{Roll}} + F_{\mathrm{Luft}} + F_{\mathrm{HA}} + F_{\mathrm{AW}} \quad \text{Gl. 3.13}$$

Durch die Annahme schlupffreier Reifen und idealer Bremsen kann das Längsverhalten des Fahrzeugs hergeleitet werden:

$$m \cdot a = F \quad \text{Gl. 3.14}$$

$$m_{\mathrm{Fzg}} \cdot \dot{v}_{\mathrm{x}} = F_{\mathrm{x}} - F_{\mathrm{FW}} - F_{\mathrm{Brems}} \quad \text{Gl. 3.15}$$

$$m_{\mathrm{Fzg}} \cdot \dot{v}_{\mathrm{x}} = \frac{M_{\mathrm{out,Get}}}{r_{\mathrm{Reifen}}} - F_{\mathrm{FW}} - F_{\mathrm{Brems}} \quad \text{Gl. 3.16}$$

Das Subsystem bildet eine bewusst schlanke Alternative zu umfangreicheren Simulink-Fahrzeugmodellen wie *Vehicle Body 1DOF/3DOF (Longitudinal)*, oder einer vollständigen Mehrkörpersimulation und beschränkt die notwendigen Eingaben auf einige wenige Kernparameter. Dadurch verkürzen sich die Rechenzeiten deutlich, während Einflüsse unterschiedlicher Antriebs- und Streckenprofile auf Verbrauch, Reichweite oder Beschleunigung weiterhin zuverlässig und mit minimalen Einschränkungen abgeschätzt werden können. Dies stellt einen idealen Ansatz für die Entwicklung einer Betriebsstrategie in dieser Arbeit dar. Des Weiteren lassen sich Brems- und Achsmomente über nachgelagerte Subsysteme in beliebiger Komplexität und Genauigkeit aufprägen.

**Modellanpassungen High Voltage Battery**: Für die Validierung werden die elektrischen Größen am Eingang des Motor Drive Unit Subsystems benötigt.

$$P_{\mathrm{Bat}} = P_{\mathrm{ab,Bat}} + P_{\mathrm{V,Bat}} \quad \text{Gl. 3.17}$$

$$P_{\mathrm{Bat}} = U_{\mathrm{Klemme}} \cdot I_{\mathrm{Bat}} + R_{\mathrm{i}} \cdot I_{\mathrm{Bat}}^2 \quad \text{Gl. 3.18}$$

Das ursprüngliche Modell liefert jedoch die Gesamtleistung der Batterie als abgegebene Leistung plus Verlustleistung am Innenwiderstand, wie in Gl. 3.17 und Gl. 3.18 dargestellt. Damit $P_{\mathrm{V,Bat}}$ in nachgelagerten Berechnungen nicht berücksichtigt wird, wird der Signalpfad getrennt und die elektrische Leistung am Eingang des Motor Drive Unit Subsystem berechnet. Die elektrischen Größen der HV Batterie sind nicht Teil der Modellvalidierung, werden jedoch zur Plausibilisierung und Auswertung aufgezeichnet.

**Modellanpassungen Controller & Environment**: Da für das ursprüngliche Modell keine verschiedenen Übersetzungsverhältnisse vorgesehen sind, war das Gesamtübersetzungsverhältnis $i_{ges}$ als feste Größe zur Berechnung der Motordrehzahl-Zeit-Sollspur aus der Geschwindigkeit-Zeit-Sollspur in dem Subsystem hinterlegt. Um auch bei der Simulation von mehrstufigen Getrieben die korrekte Sollspur für das Fahrermodell zu erhalten, wird das aktuelle $i_{ges}$ über einen externen Eingang in das Subsystem geleitet.

$$n_{mot} = \frac{v_{x,Soll}(t)}{2\pi \cdot r_{Reifen} \cdot i_{ges}(t)} \quad \text{Gl. 3.19}$$

Die Motordrehzahl-Zeit-Sollspur ergibt sich nach Gl. 3.19.

Für eine realitätsnahe Abbildung von Schaltvorgängen und Bremsanteilen wurde das Fahrermodell um drei Funktionen erweitert:

1.) Ein binäres Schaltsignal aus dem Reduction Gear Subsystem setzt bei einem Flankenwechsel den I-Anteil des PI-Reglers des Drehzahlreglers zurück, um ein Wind-Up zu vermeiden, und erzwingt gleichzeitig eine Drehmomentanforderung von 0 Nm, wenn das Schaltsignal aktiv ist.

2.) Die Größen $\alpha_{Zug}$ und $\alpha_{Schub}$ wurden eingeführt. Sie enthalten die prozentuale Ausnutzung des verfügbaren motorischen bzw. generatorischem Drehmoments der PMSM im aktuellen Arbeitspunkt und werden für die Schaltstrategie benötigt.

3.) Im Ausgangszustand verfügt das Modell über keine mechanische Bremse, sondern baut Geschwindigkeit rein über ein negatives Drehmoment am Motorausgang ab. Die aufgenommene Energie wird dabei in die Batterie rekuperiert. Alle BEVs verfügen aus sicherheits- und funktionsrelevanten Gründen über eine mechanische Bremse, festgelegt in Normen wie UN/ECE R13H [23] oder ISO26262 [37]. Neben dieser regulatorischen Notwendigkeit bestehen viele Argumente für eine mechanische Bremse, denn Rekuperation ist aus Gründen der Fahrstabilität, thermischen Reserven, SoC-Grenzen sowie bei niedrigen Geschwindigkeiten oder im Stillstand nur eingeschränkt einsetzbar und kann die vollständige Bremsleistung nicht unter allen Betriebsbedingungen gewährleisten. Für die Reichweite von BEVs ist die Rekuperation von extremer Relevanz; verschiedene Untersuchungen zeigen, dass sich die Reichweite von BEVs durch den Einsatz von Rekuperation je nach Streckenprofil enorm steigert. Typische Steigerungen liegen im Bereich von 8–25 % mit

Ausreißern auf 0 % bei einer Fahrt mit konstanter Geschwindigkeit oder bergauf und bis zu 35 % im Stadtverkehr oder bei starkem Gefälle [77]. Deshalb wird ein besonderes Augenmerk auf das Brems- und Rekuperationssystem der Simulation gelegt. Dazu wird der Drehmomentsollwert aus dem Drehzahlregler mit dem maximalen generatorischen Moment der PMSM im aktuellen Arbeitspunkt verglichen und überschüssiges Drehmoment in eine Bremskraft $F_{\mathrm{Brems}}$ für das Longitudinal Vehicle nach Gl. 3.20 umgerechnet.

$$F_{\mathrm{Brems}} = \frac{M_{\mathrm{brems}} \cdot i_{\mathrm{ges}}}{r_{\mathrm{Reifen}}} \qquad \text{Gl. 3.20}$$

Um einen realitätsnahen Auf- und Abbau des Bremsdrucks und somit der Bremskraft zu erhalten werden zwei hintereinandergeschaltete PT1-Glieder verwendet. Das erste bildet den Aufbau des Systemdrucks im Hauptbremszylinder des Bremssystems nach, das zweite Effekte wie Elastizität der Bremsbeläge, geringe Luftspalte und das nichtlineare Anpressverhalten der Reibpaarung [11].

Zudem wird im Modell Brake Blending umgesetzt: Unterhalb von 5 km/h erfolgt die Verzögerung rein mechanisch. Diese Low-Speed-Abschaltung der Rekuperation ist in der Literatur beschrieben [45]. Oberhalb dieser Schwelle wird die Sollverzögerung vorrangig rekuperativ erzeugt und bei höheren Bremsmomentanforderungen die Reibbremse hinzugenommen, analog zu den Arbeiten von Spichartz [73] und Wager [90].

**Modellanpassungen Motor Drive Unit**: Damit sich die Drehmomentquelle in diesem Subsystem wie eine PMSM (vgl. Abbildung 2.1) verhält, wird der Motor & Drive (System Level) Block mit einem maximalen Drehmoment $M_{\mathrm{max}}$ und einer maximalen Leistung $P_{\mathrm{max}}$ bedatet. Außerdem wird die elektrische Leistung am Eingang des Blocks erfasst, da dies für die Validierung der Simulation notwendig ist. Zuletzt wird ein kombiniertes Verlustkennfeld des PWR und der PMSM, abhängig von den aktuellen Werten für Drehzahl und Drehmoment der EM, erstellt und eingepflegt. Verlustkennfelder sind bei der Modellierung von Fahrzeugkomponenten Wirkungsgradkennfeldern vorzuziehen, da sie für Nulldurchgänge oder kleine Leistungen numerisch stabiler sind [47]. Außerdem wurde die Rekuperationsgrenze auf eine Verzögerung von 0,3 g oder 100 kW festgelegt. Diese Grenze liegt innerhalb der in der Fachliteratur dokumentierten Spanne für gängige Kalibrierungen elektrifizierter Antriebsstränge. Sie stellt einen ausgewogenen Kompromiss dar, um sowohl die Fahrstabilität bei Bremsmanövern zu gewährleisten als auch thermische und elektrische Belastungsgrenzen relevanter Komponenten einzuhalten. [51][29]

**Modellanpassungen Reduction Gear**: Das Reduction Gear Subsystem soll Getriebeverluste abbilden und Schaltvorgänge ermöglichen. Hierzu wird ein Wirkungsgradkennfeld in Abhängigkeit der aktuellen Getriebeeingangsgrößen implementiert und der resultierende momentane Getriebewirkungsgrad einem „Reduction Gear with variable efficiency"-Block zugeführt. Das verwendete Wirkungsgradkennfeld ist in Anhang B.3 dargestellt. Da Schaltvorgänge nicht Gegenstand der Untersuchung sind, wird auf eine detaillierte Kupplungsmodellierung verzichtet. Stattdessen erfolgt die Abbildung der Übersetzungsänderung über ein CVT-Getriebe mit zeitlicher Übersetzungsrampe $i_{\mathrm{ges}}(t)$. Reale Getriebe verursachen jedoch energiebezogene Aufwände, wie für Aktuatoren und Pumpen, sowie Verluste durch Reibarbeit in Kupplung/Synchronisierung und Verschleiß. Zur Berücksichtigung dieser Effekte wird pro Schaltvorgang eine pauschale Energiemenge $E_{\mathrm{shift}}$ in J angenommen und die Simulationsergebnisse entsprechend korrigiert. Zur Einordnung der Synchronisierungsarbeit kann die zur Drehzahlanpassung des Rotors erforderliche Rotationsenergie näherungsweise über die Änderung der Rotationsenergie beschrieben werden:

$$W_{\mathrm{sync}} = \frac{1}{2} J_{\mathrm{eq}} \left(\omega_1^2 - \omega_2^2\right) \qquad \text{Gl. 3.21}$$

wobei $J_{\mathrm{eq}}$ die auf die Rotorseite reduzierte äquivalente Trägheit und $\omega_{1,2}$ die Winkelgeschwindigkeiten vor bzw. nach der Synchronisation bezeichnen.

**Modellanpassungen Longitudinal Vehicle**: Für die Validierung des Simulationsmodells wird die Ausgangsleistung des Reduction Gear Subsystems $P_{\mathrm{out,Get}}$ erfasst. Um Signale, welche für die Schaltstrategie benötigt werden, zu erzeugen, wurde eine Struktur ergänzt, welche eine Schaltbarkeitsmatrix zur Laufzeit berechnet, die für jeden Zielgang anzeigt, ob er unter den augenblicklichen Betriebsbedingungen eingelegt werden darf. Zudem wird der aktuelle Gesamtwirkungsgrad des Antriebsstrangs vom Eingang des Motor Drive Unit Subsystems bis zum Ausgang des Redution Gear Subsystems per Lookup-Tabelle für jeden Gang ausgegeben.

**Parametrierung**: Die Modellparametrierung erfolgt nach Tabelle 3.2 und im Falle globaler, allgemeingültiger Parameter nach Kennzahlen aus der Literatur, die in den nachfolgenden Abschnitten dargestellt werden.

Moderne BEVs verfügen häufig über eine Spannungslage von 400 V oder 800 V [31]. Aufgrund des quadratischen Einflusses des Stroms bei ohmschen Verlusten ist eine höhere Spannungslage zu bevorzugen, jedoch muss die Antriebseinheit über Leistungsbauteile im PWR verfügen, welche eine ausreichend hohe Sperrspannung aufweisen, und das Isolationskonzept muss für die jeweilige Spannungslage ausgelegt sein. Es wird ein Wert von 650 V für die Batterienennspannung festgesetzt. Dies ist mit den Prüfstandsmessungen begründet, da die Verlustkennfelder im PWR und der PMSM bei dieser Spannungslage ermittelt wurden und somit eine gute Grundlage für belastbare Simulationsergebnisse darstellen.

Der Innenwiderstand eines Batteriepacks begrenzt dessen Leistungsabgabe und ist der Grund für einen maßgeblichen Teil der Verluste einer Batterie. Bei modernen BEVs liegt dieser im Bereich von 50 mΩ bis 200 mΩ [66][78][48].

Einfluss auf den Innenwiderstand einer Batterie haben die Anzahl und Verschaltung der Zellen, Kontaktierungen, Zellchemie sowie der Alterungszustand des Batteriepacks [66]. Der Innenwiderstand wurde auf 100 mΩ festgesetzt. Damit ergibt sich bei maximaler Leistungsabgabe ein Strom von etwa $175\,\mathrm{kW}/650\,\mathrm{V} \approx 270A$. Mit Verlusten wird eine Stromstärke von 300 A bei 175 kW abgegebener Motorleistung angenommen. Damit ergibt sich der Spannungsabfall zu maximal $0{,}1\,\Omega \cdot 300\,\mathrm{A} = 30\,\mathrm{Volt}$. Dieser Wert klingt plausibel und deckt sich mit Fahrzeugmessungen.

Für den SOC der Batterie wird ein initialer Wert von 60 % angenommen. Damit hat das Fahrzeug ausreichend Reserve für Rekuperation und der Wert liegt im linearen Bereich der Leerlaufspannung (engl. *open circuit voltage*) (OCV)-Kurve. In den Bereichen unter 20 % oder über 80 % treten Nichtlinearitäten und Leistungsbeschränkungen durch das Batteriemanagementsystem (BMS) auf und da das Batteriepack eine untergeordnete Rolle in dieser Arbeit spielt, stellt der Wert eine gute Wahl dar. [13]

Es wird ein $n_{\mathrm{max}}$ von $15\,000\,\mathrm{min}^{-1}$ gewählt. Mit den Leistungsdaten aus Tabelle 3.2 ergibt sich eine $n_{\mathrm{Eck}}$ von $4177\,\mathrm{min}^{-1}$. Dies liegt im typischen Bereich für PMSM zum Einsatz als Traktionsmaschinen, wie sie in heutigen BEVs vorkommen. [17]

Die rekuperative Verzögerung wird auf ein generatorisches Motormoment von 200 Nm und eine maximale Rekuperationsleistung von 100 kW begrenzt. Überschreitet der Sollwert eine dieser Grenzen, wird das Restbremsmoment von der mechanischen Bremse via Brake-Blending bereitgestellt.

Die erste Zeitkonstante der mechanischen Bremse wird auf 25 ms festgesetzt, die zweite auf 150 ms. Dies sind gängige Werte für das zweistufige PT1-Verhalten von mechanischen Bremsen. [3][40]

Die Ansprechverzögerung des Antriebsstrangs, also die Zeit zwischen der Berührung des Fahrpedals und einer ersten Reaktion des Fahrzeugs, wurde auf 50 ms festgelegt und entspricht damit der Ansprechverzögerung eines Tesla Model 3 [69].

Für das dreistufige Getriebe werden die Gesamtübersetzungen $i_1$ = 12:1, $i_2$ = 9:1 und $i_3$ = 6:1 als repräsentative Stützstellen für kurze, mittlere und lange Übersetzungen festgelegt. Auf eine eigenständige Optimierung der Übersetzungen wird bewusst verzichtet, um die Freiheitsgrade der Untersuchung zu reduzieren, die Wirkung der Betriebsstrategie von strukturellen Getriebeeinflüssen zu entkoppeln und die Vergleichbarkeit zwischen Szenarien zu erhöhen. Schaltbedingte Zusatzaufwände werden durch eine konstante Energiepauschale je Schaltvorgang modelliert. Mangels aktuatorspezifischer Messdaten wird die Schaltenergie mit $E_{\mathrm{schalt}} = 300\,\mathrm{J}$ je Schaltvorgang bilanziert. Der Ansatz umfasst die elektrische Aktuatorarbeit sowie Drehzahlsynchronisierungsverluste. Der gewählte Wert stellt einen konservativen Mittelwert dar und ist unabhängig vom Schaltelement (form- oder reibschlüssig) anwendbar. $E_{\mathrm{schalt}}$ wird als pauschaler Strafterm in die Energiebilanz und in die Optimierung der Betriebsstrategie eingerechnet, ohne die Ergebnisse zugunsten einzelner Übersetzungsstrategien zu verzerren. Anfahrvorgänge werden ohne Unterbrechung des Kraftflusses durchgeführt, die Momentenmodulation der PMSM ersetzt die Schlupferzeugung einer Reibkupplung in BEVs, sodass keine Anfahrarbeit in Form von Reibverlusten anfällt.

Für das Fahrermodell wird eine Bandbreite von 2 Hz angenommen. Das ist ein Wert, welcher anhand von physiologischen und fahrdynamischen Normversuchen in [57] und [30] ermittelt wurde. Die Umsetzung geschieht mit einem Tiefpassfilter hinter dem Ausgang des Reglers des Fahrermodells mit einer 3-dB-Grenzfrequenz $f_{\mathrm{g}}$ von 2 Hz.

Eine Zusammenfassung der globalen Parameter wird in Tabelle 3.4 gegeben.

### 3.2.3 Validierung des Fahrzeugmodells

Um die Prognosefähigkeit des in Kapitel 3.2 vorgestellten Modells zu belegen, wurde eine Prüfstandsmessung eines WLTC mit einem simulierten WLTC verglichen. Da die Messungen einer Verschlussklausel unterliegen, können die zur Validierung verwendeten Modellparameter nicht veröffentlicht und die Mess- und Simulationsergebnisse nur normiert dargestellt werden. Die Prüfläufe dienen aus-

**Tabelle 3.4:** Globale Parameter der Fahrzeugsimulation

| Parameter | Wert |
|---|---|
| Batterienennspannung | 650 V |
| Innenwiderstand Batterie | 100 mΩ |
| Start-SOC | 60 % |
| Eckdrehzahl | 4177 $min^{-1}$ |
| Maximaldrehzahl | 15 000 $min^{-1}$ |
| Max. Rekuperationsmoment | 200 Nm |
| Max. Rekuperationsleistung | 100 kW |
| Zeitkonstante 1 Bremse | 25 ms |
| Zeitkonstante 2 Bremse | 150 ms |
| 3-dB-Grenzfrequenz Tiefpass Fahrermodell | 2 Hz |

schließlich der Validierung und sämtliche Modellparameter werden für die weiteren Untersuchungen auf die Werte in Tabelle 3.2 zurückgesetzt.

Die für die Validierung verwendeten Verlustkennfelder stammen von einem konstruktiv identischen Antriebsstrang und wurden punktweise unter stationären Bedingungen für die einzelnen Komponenten PWR, PMSM und Achsantrieb aufgenommen. Für die Messungen wurde der Prüfling vorkonditioniert und ein statischer Lastpunkt angefahren. Nach einer definierten Einschwingdauer wurde die Messung gestartet und über ein konstantes Intervall gemittelt, bevor der nächste Lastpunkt angefahren wurde. Anschließend wurde die Differenz der Eingangsleistung der jeweiligen Komponente zu deren Ausgangsleistung gebildet um ein Verlustkennfeld zu erzeugen. Für die Messung der elektrischen Leistung wurde ein Yokogawa WT5000 Power Analyzer [94] verwendet, für die Messung des abgesetzten Drehmoments wurden HBK T12HP Torque Transducer [35] genutzt. Da die Verlustkennfelder unter stationären Bedingungen erstellt wurden, der WLTC jedoch dynamische Lastwechsel aufweist, muss die Modellparametrierung um transiente Effekte erweitert werden. Dazu zählen:

- Parameter zur Fahrwiderstandsberechnung
- Rotationsträgheitsmoment in der PMSM und dem restlichen Triebstrang
- Torsionssteifigkeit und Dämpfung im Triebstrang
- Stromanstiegszeit im PWR und damit Flankensteilheit des Drehmoments

Es existiert noch eine Vielzahl an weiteren Effekten, deren Einfluss als vernachlässigbar eingeschätzt wird, weshalb auf deren Modellierung und Parametrierung verzichtet wird. Da die Genauigkeit der Simulation anhand objektiver Beurteilungskriterien vorgenommen wird, ist dies ein legitimes Vorgehen, solange die gewünschte Modellgenauigkeit erreicht wird. Die Prüfstandsmessung wurde ohne Straßenlastsimulation (engl. *road load simulation*) (RLS) gefahren, die Sollwerte für den WLTC bestehen aus einer Drehmoment-Zeit Spur am Eintrieb und einer Drehzahl-Zeit-Sollspur für den Abtrieb. Da die Simulation eine Sollgeschwindigkeit-Zeit Spur als Sollwert erhält, stellt dies eine besondere Herausforderung dar; die Nachbildung des Drehmoments kann nur dann mit hoher Genauigkeit erfolgen, wenn das Modell realitätsnah parametriert ist.

Als Beurteilungskriterien werden die Wurzel des mittleren quadratischen Fehlers (engl. *root mean squared error*) (RMSE) und die Norm ISO/TS 18571 [38] mit dem Titel „Road vehicles - Objective rating metric for non-ambiguous signals“ verwendet. Der RMSE ist ein etabliertes Werkzeug um die Genauigkeit von Modellen mit Messungen zu vergleichen. Es gibt keine Standards oder Richtlinien, die einen RMSE Schwellwert für Simulationen im Automotive Bereich definieren, ab dem eine Simulation als genügend genau gilt. In der Praxis wird oftmals ein RMSE-Schwellwert von 0,8 km/h für das Nachfahren von Geschwindigkeits-Zeit Sollspuren, wie sie bei Fahrzyklen eingesetzt werden, verwendet [88]. Da der RMSE die Simulationsgüte auf eine Kennzahl herunterbricht und oft verwendet wird, ist er eine geeignete Kennzahl, um die Modellqualität nachvollziehbar beurteilen zu können. Die ISO/TS 18571 geht darüber hinaus und bietet umfangreiche, objektive Beurteilungskriterien für die Güte einer Simulation. Zur Bildung der Gesamtwertung werden vier unterschiedlich gewichtete Einzelwertungen herangezogen, welche von 0 (keine Korrelation) bis 1 (perfekte Korrelation) reichen:

Corridor $Z$: Zur Beurteilung der Signalübereinstimmung wird ein mehrstufiges Toleranzband um das Referenzsignal gelegt. Die Gütebewertung ergibt sich aus dem Abstand zwischen Prüfsignal und Toleranzgrenzen zu jedem Abtastzeitpunkt. Die Breite des Toleranzbandes wird in Abhängigkeit des Signalverlaufs festgelegt und skaliert proportional zur Signalamplitude.

Phase $E_\mathrm{p}$: Zur Quantifizierung zeitlicher Phasenverschiebungen wird das Prüfsignal entlang der Zeitachse verschoben, bis die Kreuzkorrelation mit dem Referenzsignal maximal wird. Je geringer der erforderliche zeitliche Versatz ist, desto besser fällt die Beurteilung der Phasenkorrelation aus.

Slope $E_s$: Dieses Kriterium bewertet die Korrelation der zeitlichen Änderungsrate, der Dynamik, zwischen Referenz- und Prüfsignal. Dafür werden beide Signale numerisch differenziert, deren Änderungsrate zu jedem Zeitpunkt verglichen und über den gesamten Zeitvektor integriert.

Magnitude $E_m$: Hier werden Abweichungen der absoluten Amplituden zwischen Referenz- und Prüfsignal bewertet. Dazu wird das Verhältnis der Signalhüllkurven bestimmt und auf jede lokale Extremstelle angewandt. Je stärker die normierte Amplitude des Prüfsignals von der des Referenzsignals abweicht, desto geringer fällt die Wertung aus.

Die Gewichtung und Berechnungsvorschrift für die Gesamtbewertung $R_{ISO18571}$ anhand der Einzelmetriken und den mit Indizes versehen Gewichtungsfaktoren $w$ sind in Gl. 3.22 und Gl. 3.23 dargestellt:

$$w_Z = 0{,}4 \qquad w_p = w_m = w_s = 0{,}2 \qquad \text{Gl. 3.22}$$

$$R_{ISO18571} = w_Z \cdot Z + w_p \cdot E_p + w_m \cdot E_m + w_s \cdot E_s \qquad \text{Gl. 3.23}$$

Gemäß ISO/TS 18571 gelten Gesamtbewertungen $R < 0{,}58$ als äußerst schlechte Korrelation (Wertung „Poor“, Rank 4). Liegt die Gesamtwertung zwischen 0,58 und 0,8 korrelieren die Signale nur in Bezug auf die Grundeigenschaften (Wertung „Fair“, Rank 3). Eine gute Korrelation (Wertung „Good“, Rank 2) wird ab einer Gesamtbewertung von 0,8 vergeben und Werte über 0,94 werden als sehr gute Korrelation (Wertung „Excellent“, Rank 1) bezeichnet. Fallen einzelne Metriken unter 0,7 deutet das auf kritische Abweichungen hin, die bei der Verwendung eines solchen Simulationsmodells untersucht werden sollten [38].

Für die Validierung wurden folgende Signale gewählt:

- Motordrehzahl der PMSM in $\text{min}^{-1}$
- Raddrehzahl in $\text{min}^{-1}$
- DC-Eingangsleistung des PWR in W
- Ausgangsleistung des Getriebe in W
- Motordrehmoment in Nm
- Getriebeausgangsdrehmoment in Nm

Die Selektion umfasst Signale, welche in den in Kapitel 3.2.2 vorgestellten Subsystemen Motor Drive Unit, Reduction Gear und Longitudinal Vehicle erfasst werden. Für die Validierung der Simulation ist es unabdingbar, dass die gewählten Signale in den Messdaten sowie der Simulation vorhanden sind und die gleiche Bedeutung haben. Im Kontext der Funktionalität eines Antriebsstrangs stellen Drehmoment und Drehzahl die primären Zustandsgrößen dar. Neben diesen kinematischen Kenngrößen wird die daraus abgeleitete mechanische Leistung am Getriebeausgang sowie die elektrische Gleichstrom (engl. *direct current*) (DC)-Leistung am Eingang des PWR berücksichtigt, da die Forschungsfrage der vorliegenden Arbeit explizit eine energetische Bilanzierung des Gesamtsystems erfordert. Thermische Größen bleiben hingegen bewusst unberücksichtigt, da sie nicht zum Untersuchungsgegenstand zählen. Damit die ISO/TS 18571-Metriken belastbare Ergebnisse liefern, müssen Referenz- und Prüfsignal dieselbe zeitliche Auflösung und ein vergleichbares

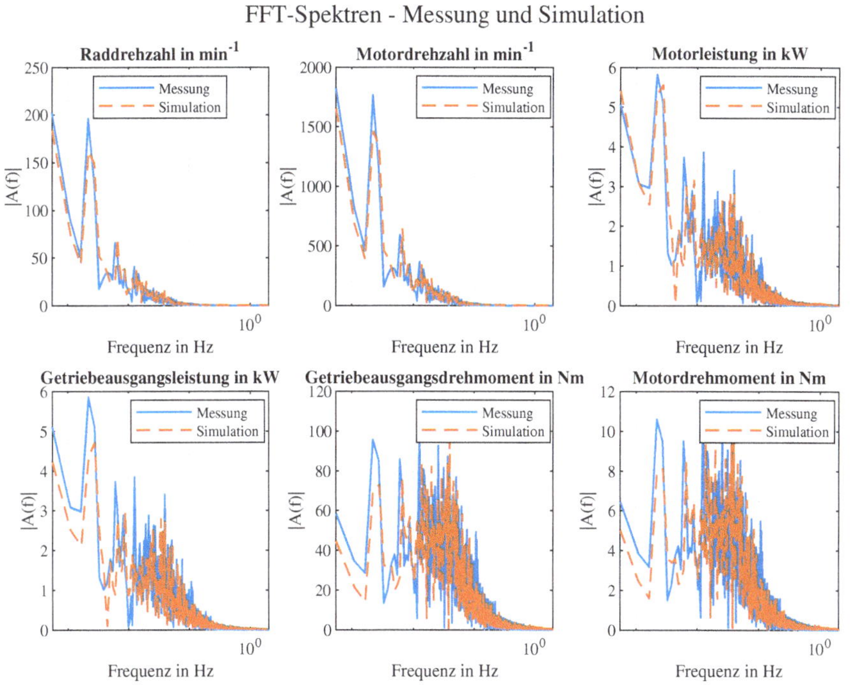


**Abbildung 3.8:** FFT-Spektren aus Messung und Simulation im Vergleich für verschiedene Signale

Rauschverhalten aufweisen. Das Referenzsignal wurde mit 100 Hz aufgezeichnet, das aus der Simulation exportierte Prüfsignal enthält eine deutlich höhere zeitliche Auflösung und wurde auf dieselbe Abtastrate von 100 Hz gesampled. In der Prüfstandssteuerung sind bereits praxiserprobte, phasenneutrale Anti-Alias-Filter implementiert, weshalb die Daten aus dem Referenzsignal nicht aufbereitet werden. Um Bandbreitengleichheit sicherzustellen und eventuelle Alias-Artefakte oder Überhöhungen zu erkennen, wurden die Messdaten mit Hilfe der Schnellen Fouriertransformation (engl. *fast Fourier transform*) (FFT) in den Frequenzbereich transformiert, als Spektren visualisiert und mit den Spektren der Simulationsdaten verglichen. Die Ergebnisse sind in Abbildung 3.8 dargestellt. Dabei wurde die Ansicht auf den relevanten Frequenzbereich beschränkt.

Für das Magnitude-Kriterium ist der Speicherbedarf kritisch, wenn die MATLAB Implementierung des Dynamic-Time-Warping Verfahrens verwendet wird, weil eine vollständige $NxN$ Kostenmatrix angelegt wird. Der verfügbare Arbeitsspeicher des Simulationsrechners liegt bei 32 GB und ein als double kodiertes Element der Kostenmatrix belegt 8 Byte. Mit

$$N = f_s \cdot T \qquad \text{Gl. 3.24}$$

und

$$M = N^2 \cdot 8\,\text{Byte} \qquad \text{Gl. 3.25}$$

ergibt sich

$$N_{\max} = \sqrt{\frac{M_{\max}}{8}} \qquad \text{Gl. 3.26}$$

Einsetzen von Gl. 3.26 in Gl. 3.24 ergibt das maximale $f_s$:

$$f_{s,\max} = \frac{N_{\max}}{T} = \sqrt{\frac{M_{\max}}{8 \cdot T^2}} = \sqrt{\frac{32 \cdot 2^{30}}{8 \cdot (1800)^2}} \approx 36\,\text{Hz} \qquad \text{Gl. 3.27}$$

Um einen stabilen Rechenbetrieb bei ausreichender zeitlicher Auflösung zu gewährleisten, wurde eine reduzierte Abtastrate von 30 Hz für die Berechnung der ISO/TS 18571 Magnitude-Einzelmetrik gewählt. Alle anderen Einzelmetriken wurden mit den vollen 100 Hz berechnet.

Im Folgenden werden die Validierungsergebnisse des Simulationsmodells vorgestellt. Zunächst erfolgt eine Bewertung gemäß den Kriterien der UN/ECE-Regelung R101 [21], um zu prüfen, ob die Simulation laut regulatorischen Anforderungen als valide gilt. Anschließend werden die normierten Verläufe der relevanten Größen im Zeitbereich gegenübergestellt und die entsprechenden RMSE-Werte sowie die Einzel- und Gesamtbewertungen nach ISO/TS 18571 präsentiert.

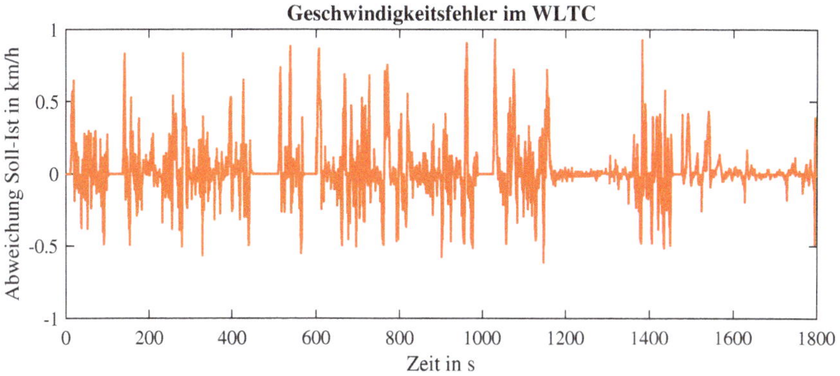


**Abbildung 3.9:** Geschwindigkeitsfehler im WLTC bei der Validierung

Abbildung 3.9 zeigt die Abweichungen zwischen Soll- und Istgeschwindigkeit in einem vollständig simulierten WLTC in km/h. Da zu jeder Zeit das Kriterium $|v_{soll} - v_{ist}| < 2\,km/h$ erfüllt ist, gilt der Simulationslauf als valide. Die RMSE-Werte zwischen Soll- und Istgeschwindigkeit liegen absolut bei 0,183 km/h was einem prozentualem Wert von 0,139 % entspricht.

In Abbildung 3.10 sind die betrachteten Drehzahlgrößen der Prüfstandsmessung und des Validierungslaufs der Simulation in einem normierten Wertebereich dargestellt. Die Korrelation zwischen Messung und Simulation ist in Bezug auf beide Drehzahlgrößen als sehr gut einzustufen. Die Abweichungen stammen vom Umkehrspiel im Getriebe; bei Vorzeichenwechseln des Drehmoments findet keine unmittelbare Kraftübertragung statt, was auf dem Drehzahlsignal der Prüfstandsmessung sichtbar wird. Zudem führt das Fahrermodell zu einer geringfügigen Abweichung.

In Abbildung 3.11 sind die betrachteten Drehmomentverläufe aus der Prüfstandsmessung sowie dem zugehörigen Validierungslauf der Simulation in normierter Form dargestellt. Die Korrelation zwischen Simulation und Messung ist für beide Drehmomentgrößen insgesamt als gut zu bewerten. Abweichungen lassen sich zum Großteil auf die Höhe der Peaks und das Einregelverhalten des Drehmoments bei sprungartigen Drehmomentänderungen erkennen. Die beobachteten Abweichungen lassen sich in erster Linie auf nicht exakt bekannte Fahrzeugparameter zurückführen: Während in der Simulation die Fahrwiderstände nachgebildet wurden, folgte

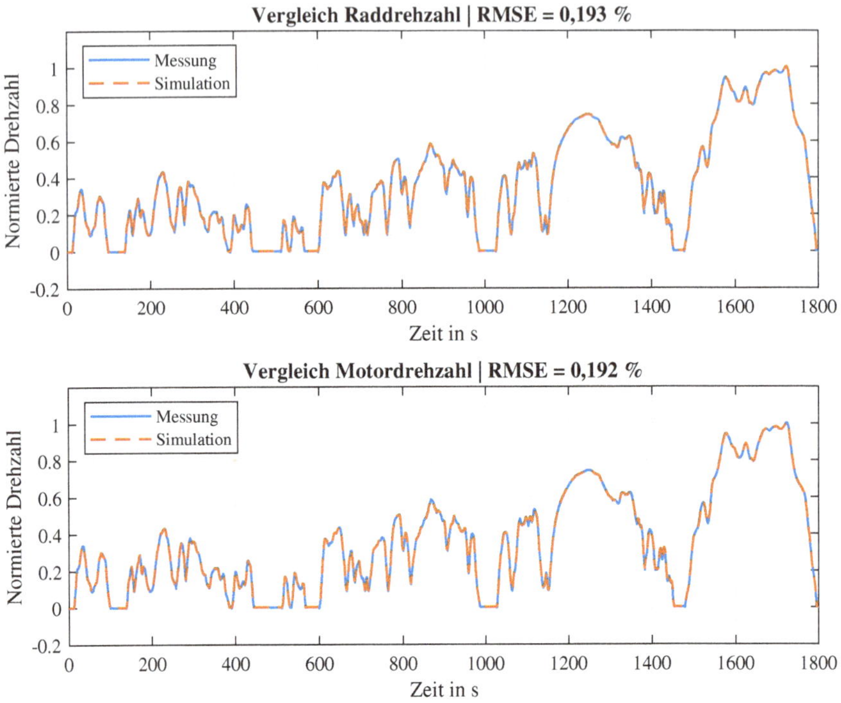


**Abbildung 3.10:** Drehzahlen: Vergleich zwischen Messung und Simulation im Zeitbereich

das Prüfstandsfahrzeug einer vordefinierten Sollspur aus Drehmoment und Drehzahl. Zusätzlich sind Messunsicherheiten zu berücksichtigen. Insbesondere das Motordrehmoment wurde nicht direkt mit hochpräziser Messtechnik erfasst, sondern lediglich als Schätzwert aus dem PWR-Steuergerät über das Feldbussystem an die Prüfstandssteuerung übertragen.

In Abbildung 3.12 sind die betrachtete Eingangs- und Ausgangsleistung aus der Prüfstandsmessung sowie dem zugehörigen Validierungslauf der Simulation in normierter Form dargestellt. Die Korrelation zwischen Simulation und Messung ist für die Eingangsleistung als gut und für die Ausgangsleistung als sehr gut zu beurteilen. Die verbleibenden Abweichungen lassen sich durch mehrere Faktoren erklären, wobei zwischen den beiden betrachteten Leistungsgrößen zu unterscheiden ist. Die Eingangsleistung wurde als elektrische Größe mit einem Yokogawa

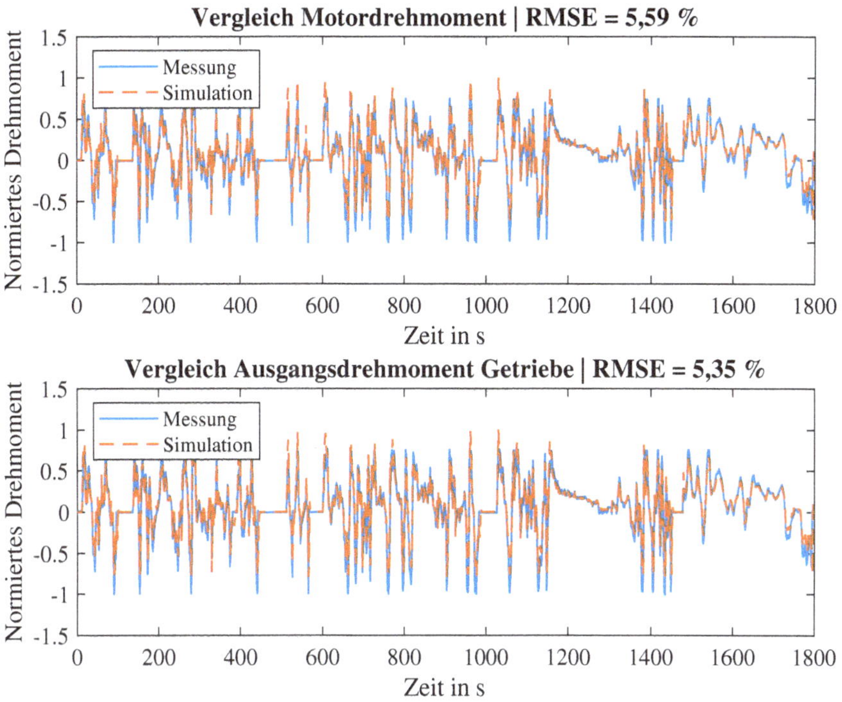


**Abbildung 3.11:** Drehmomente: Vergleich zwischen Messung und Simulation im Zeitbereich

WT5000 Precision Power Analyzer aufgezeichnet. Dieses Messgerät verwendet zur Glättung hochfrequenter Schwankungen die Funktion Synchronous Period Averaging, bei der über mehrere Signalperioden hinweg für die Erfassung von Wechselstromsignalen gemittelt wird. Bei der Erfassung von DC-Signalen ist diese Funktion ebenfalls aktiv und kann bei überlagerten Welligkeiten, wie sie auf den DC-HV-Leitungen in einem BEV auftreten, zu systematischen Abweichungen führen. Hinzu kommt ein eventuelles Strom-Offset des LEM-Stromwandlers, der das Ergebnis zusätzlich beeinflussen kann. Die Ausgangsleistung wurde mechanisch aus dem erfassten Drehmoment und der Drehzahl berechnet. Hier beeinflussen insbesondere transiente Effekte infolge des Umkehrspiels im Getriebe das Signal: Bei Vorzeichenwechseln des Drehmoments kommt es zu kurzzeitigen Entkopplungen im Kraftfluss, die sich in der Drehzahlmessung niederschlagen und somit auch die Leistungsberechnung verfälschen. Weitere Einflussfaktoren sind die Temperatur-

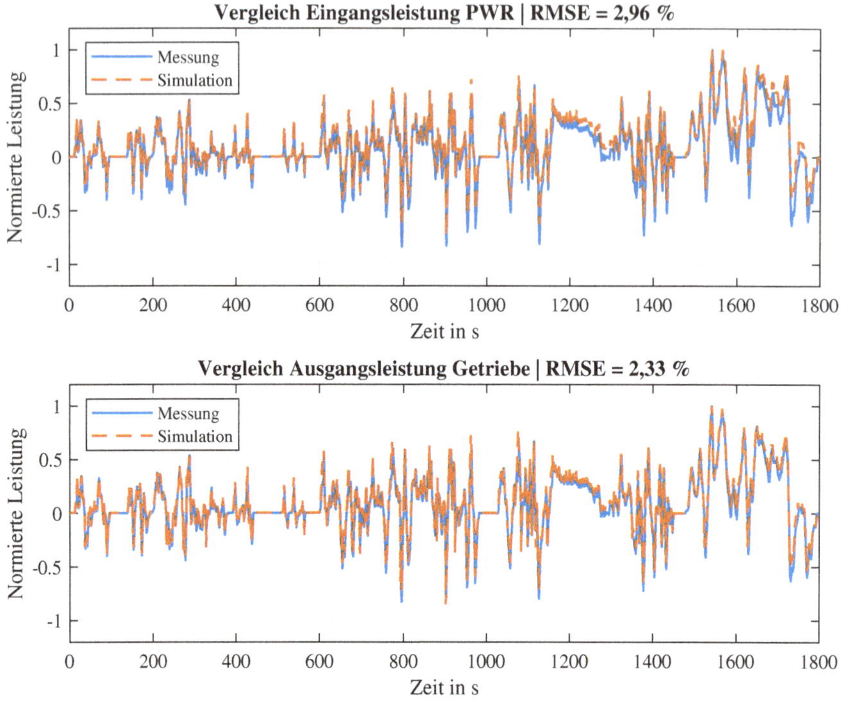


**Abbildung 3.12:** Leistungen: Vergleich zwischen Messung und Simulation im Zeitbereich

drift der Drehmomentmessnaben, die direkt am Getriebeausgang montiert sind, sowie Aufbauschwingungen, wodurch sich durch die harte Prüflingsaufständerung mechanische Resonanzen mit dem Drehmomentsignal überlagern. Zusätzlich wirken sich Messfehler der Einzelgrößen auf das Ergebnis der Leistungsberechnung aus, da es sich um eine Multiplikation zweier Signale handelt. Die Fehlerfortpflanzung bewirkt somit, dass selbst geringe Abweichungen bei Drehmoment oder Drehzahl zu messbaren Differenzen in der berechneten mechanischen Leistung führen.

Abschließend werden die Ergebnisse der Simulationsvalidierung auf Tabelle 3.5 zusammengefasst und in Abbildung 3.13 anschaulich mit einem Netzdiagramm visualisiert. In Anhang A.2 finden sich detaillierte Abbildungen und weitere Informationen zum Validierungslauf.

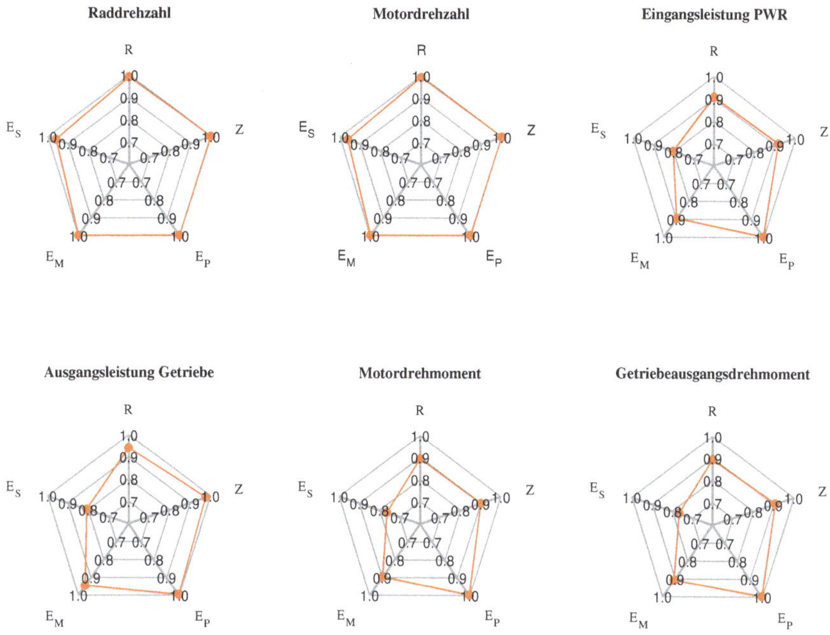


**Abbildung 3.13:** Ergebnisse des Validierungslaufs nach ISO/TS 18571

**Tabelle 3.5:** Ergebnisse des Validierungslaufs nach ISO/TS 18571

| **Größe** | $R$ | **Corridor** $Z$ | **Phase** $E_P$ | **Magnitude** $E_M$ | **Slope** $E_S$ |
|---|---|---|---|---|---|
| $n_{Rad}$ | 0,991 | 1 | 0,999 | 0,999 | 0.959 |
| $n_{Mot}$ | 0,992 | 1 | 0,999 | 0,999 | 0,960 |
| $P_{in}$ | 0,906 | 0,917 | 0,999 | 0,897 | 0,802 |
| $P_{out}$ | 0,940 | 0,977 | 0,997 | 0,946 | 0,805 |
| $M_{Rad}$ | 0,892 | 0,901 | 0,999 | 0,897 | 0,763 |
| $M_{Mot}$ | 0,892 | 0,909 | 0,999 | 0,908 | 0,766 |

Auf Grundlage der erzielten Einzelmetriken sowie der Gesamtbewertung lassen sich nach den Richtlinien zur Simulationsgüte der ISO/TS 18571 [38] qualifizierte Aussagen über die Anwendungspotenziale und Einschränkungen des Simulationsmodells tätigen.

Die Ergebnisse der Validierung zeigen eine sehr hohe Übereinstimmung zwischen Simulation und Messung für die Drehzahlgrößen mit durchweg hohen Werten über alle Einzelmetriken hinweg. Auch bei den betrachteten Leistungsgrößen sowie den Drehmomenten erreicht das Modell insgesamt gute bis sehr gute Bewertungen. Insbesondere die Phasenübereinstimmung $E_{\mathrm{P}}$ ist für alle Signale nahezu ideal (sechsmal Rank 1), gefolgt von der Corridor $Z$ und Magnitude $E_{\mathrm{M}}$ Wertung, in denen jeweils dreimal Rank 1 und dreimal Rank 2 erreicht werden. Lediglich die Bewertung des Steigungsverhaltens gemäß der Metrik $E_{\mathrm{S}}$ fällt moderater aus (viermal Rank 2 und zweimal Rank 3).

Qualitativ lässt sich die Gesamtbewertung der ISO/TS 18571 Metriken wie folgt einordnen: Die Drehzahlgrößen erfüllen klar Rank 1 und die Simulation stimmt in diesem Aspekt sehr gut mit den realen Messdaten überein. Das Modell liefert im Bezug auf die Drehzahlgrößen eine hohe Prognosegüte, auch für sensible Anwendungen ist es in diesem Bereich uneingeschränkt verwendbar.

Die Bewertung der Leistungsgrößen fällt differenziert aus, während die Ausgangsleistung Rank 1 erfüllt, verfehlt die Eingangsleistung diesen Bereich leicht und erreicht eine Gesamtwertung von Rank 2. Insbesondere der Steigungskoeffizient $E_{\mathrm{S}}$ weicht bei den Leistungsgrößen etwas stärker vom Idealwert ab, was auf eine nicht maßstabsgetreue Abbildung von Leistungsgrößen in der Simulation hindeutet. Für energetische Gesamtbetrachtungen, Effizienzabschätzungen sowie die Entwicklung von Betriebsstrategien ist die Simulation jedoch gut geeignet, solange die Grenzen des Modells beachtet werden.

Für die Drehmomentgrößen wird insgesamt eine Einordnung in Rank 2 ermittelt. Die Übereinstimmung hinsichtlich Phasenlage und Bandabweichung ist solide, allerdings zeigt sich beim Steigungsverhalten und der Amplitudenkorrelation ein Versatz zur Messung. Die erkennbaren Unterschiede lassen sich größtenteils auf die eingangs in diesem Kapitel beschriebenen Faktoren zurückführen, insbesondere auf die Serienstreuung mechanischer Komponenten sowie messtechnische und modellseitige Unsicherheiten bei dynamischen Lastwechseln. Das Modell eignet sich daher gut für trendorientierte und energetische Drehmomentanalysen, sofern keine hochdynamischen Vorgänge oder stark sprunghaften Lastverläufe betrachtet werden.

Das Modell ist nicht für die detaillierte Nachbildung von Reifenschlupf, thermischen Effekten oder elektrischem Komponentenverhalten ausgelegt, da diese Aspekte weder im physikalischen Modellierungsansatz noch in der Parametrierung berücksichtigt wurden. Die zugrunde liegende Architektur wurde gezielt auf die performante Untersuchung des Systemverhaltens im Gesamtfahrzeugkontext ausgelegt. Durch die hohe Spurtreue bei Drehzahl- und Leistungsgrößen eignet sich die Simulation insbesondere für energetische Gesamtbetrachtungen, Vergleiche verschiedener Betriebsstrategien sowie für Regelungsentwicklung, sofern die Simulation innerhalb des validierten Betriebsbereichs verwendet wird.

Die Validierung erfolgt auf Basis gemessener Fahrzyklen am Prüfstand. Trotz potenzieller Serienstreuung und Messungen in einer Drehmoment-/ Drehzahlregelung anstelle einer RLS bei realen Antriebskomponenten liefern die Ergebnisse ein konsistentes und praxisnahes Abbild des realen Systemverhaltens und bestätigen die Eignung für modellbasierte Entwicklungs- und Analyseaufgaben im Kontext des Fahrzeugantriebs.

## 3.3 Voruntersuchungen zu potenziellen Effizienzsteigerungen

Nachfolgend werden Voruntersuchungen zu potenziellen Effizienzsteigerungen im Schub- und Zugbetrieb vorgestellt. Dazu wird die in Kapitel 3.2.2 beschriebene Fahrzeugsimulation verwendet. Es werden zunächst theoretische Überlegungen vorgestellt, um die qualitativen Effekte abzuschätzen, welche anschließend anhand der Fahrzeugsimulation quantifiziert werden. Dies geschieht, indem die jeweils optimalen Übersetzungsverhältnisse für die in 3.2.1 ausgewählten Fahrzyklen für das in 3.1 definierte Beispielfahrzeug ermittelt werden. Die Analysen erfolgen zunächst getrennt für den Zug- und Schubbetrieb ohne Rekuperation, um die jeweiligen Effekte isoliert bewerten zu können. Anschließend wird die Rekuperation aktiviert und deren Einfluss untersucht. Es wird erwartet, dass sich in Abhängigkeit vom Fahrzyklus unterschiedliche Übersetzungen als optimal erweisen.

### 3.3.1 Im Schubbetrieb

Die möglichen Effizienzsteigerungen im Schubbetrieb bei Verwendung eines mehrstufigen Getriebes in einem BEV lassen sich vollständig auf die Rekuperation und wie diese eingesetzt wird, zurückführen. Dazu zählt auch die Verwendung einer Segeln-Funktion, wie sie durch die Trennelemente im Antriebsstrang bei mehrstufigen Getrieben ermöglicht wird. Daneben gilt es, die in Gl. 3.1 definierte Rekuperationsquote $R$ für den jeweils betrachteten Abschnitt zu maximieren. Die limitierenden Faktoren sind dabei vom Hersteller definierte Rekuperationsgrenzen des Antriebsstrangs aus Gründen der Fahrstabilität und anderen Sicherheitsfaktoren wie elektrischer oder thermischer Bauteilschutz [73]. Mit mehr als einer verfügbaren Fahrstufe können diese Begrenzungen nicht aufgehoben werden, doch sie ermöglichen eine bessere Anpassung des Betriebspunkts an die jeweils zulässige Rekuperationsleistung. Durch die Wahl einer geeigneten Übersetzung kann der Generatorbetrieb einer EM näher am optimalen Wirkungsgrad erfolgen oder der Betriebspunkt in einen Bereich verschoben werden, in dem effizienter und damit mehr Energie rekuperiert wird, ohne Sicherheitsgrenzen zu verletzen. Dies ist insbesondere relevant, da bei elektrischen Antriebssträngen mit PMSMs Bereiche mit geringen Drehzahlen und hohen Drehmomenten energetisch ungünstig sind, zum Teil bedingt durch hohe Ströme und die damit einhergehenden ohmschen Verluste in den Statorwicklungen, der HV-Batterie und in der Leistungselektronik. Da bei der vektoriellen DQ-Stromregelung das Generatordrehmoment $M_{\mathrm{Gen}}$ im Grunddrehzahlbereich proportional zum drehmomentbildenden q-Strom $I_{\mathrm{q}}$ ist, kann dieser durch eine Reduktion des erforderlichen $M_{\mathrm{Gen}}$ gesenkt werden [19]. Mit einem mehrstufigen Getriebe kann dies durch eine Veränderung der Gesamtübersetzung $i_{\mathrm{ges}}$ erreicht werden, ohne dass sich die am Rad erzeugte Bremsleistung ändert.

$$M_{\mathrm{Gen}} = M_{\mathrm{Rad}} \cdot i_{\mathrm{ges}} \qquad \text{Gl. 3.28}$$

$$P_{\mathrm{Rek}} = U_{\mathrm{Zk}} \cdot I_{\mathrm{Zk}} \qquad \text{Gl. 3.29}$$

Dies wird durch Betrachtung von Gl. 3.28 und Gl. 3.29 deutlich. Ein mehrstufiges Getriebe ermöglicht somit durch gezielte Modulation des Motormoments einen Betrieb des Antriebsstrangs in effizienteren Bereichen bei gleicher Leistung am Motorausgang bzw. Generatoreingang im Rekuperationsbetrieb. Die Zusammenhänge zwischen Strom, Spannung und modulierbarem Generator-Drehmoment verdeutlichen den strategischen Vorteil einer adaptiven Getriebesteuerung im Schubbetrieb.

### 3.3.2 Im Zugbetrieb

Eine durch DQ-Vektorregelung betriebene PMSM ist in Teilen bereits wirkungsgradoptimiert. Dies und der qualitative Verlauf ihres Wirkungsgradkennfelds lässt sich durch die beim Applikationsprozess verwendeten Verfahren Maximales Drehmoment pro Ampere (engl. *maximum torque per ampere*) (MTPA) und Maximales Drehmoment pro Volt (engl. *maximum torque per volt*) (MTPV) erklären. Beim MTPA-Verfahren wird für eine gegebene Drehmomentanforderung das Stromzeigerpaar $\vec{i}_\mathrm{d}$ und $\vec{i}_\mathrm{q}$ so gewählt, dass das Drehmoment mit minimalem Strombetrag $|\vec{i}_\mathrm{dq}|$ erzeugt wird. Es ist also ein Verfahren, um den resultierenden Strom in den Statorwicklungen einer PMSM zu minimieren, was indirekt zu einer Verminderung der Verluste führt. MTPA wird im Grunddrehzahlbereich angewandt, da die Maschine dort strom- und nicht spannungsbegrenzt ist. Im Feldschwächebereich steht die back-EMF den Spannungsreserven des DC-Zwischenkreises entgegen und die Spannungsreserve wird zum limitierenden Faktor, weshalb das MTPV-Verfahren angewandt wird. Es zielt darauf ab, das maximal mögliche Drehmoment innerhalb der verfügbaren Spannungsreserve zu erreichen. Dazu wird der feldschwächende Anteil des Stromzeigers $\vec{i}_\mathrm{d}$ erhöht, wodurch das Magnetfeld und somit auch die back-EMF im Rotor geschwächt werden, wodurch die nutzbare Spannungsreserve des PWR erhöht wird. [102] Mit dieser Strategie kann auch bei hohen Drehzahlen ein möglichst hohes Drehmoment bereitgestellt werden, allerdings nicht verlustoptimal. Durch den größeren $\vec{i}_\mathrm{d}$ kann es zu einer höheren magnetischen Sättigung kommen, was zu einem höheren Gesamtstrombefarf für ein gegebenes Drehmoment und somit auch zu größeren Verlusten führt. Die Applikation einer PMSM wird nicht wirkungsgradoptimiert durchgeführt, da Faktoren wie Reproduzierbarkeit, Drehmomentgenauigkeit sowie thermische und elektrische Sicherheit Vorrang haben. Zudem bedeutet eine wirkungsgradoptimiert betriebene PMSM nicht automatisch einen höheren Gesamtwirkungsgrad für ein BEV. Damit ergibt sich der qualitativ typische Verlauf eines Wirkungsgradkennfelds einer PMSM. Dieser ist in Abbildung 3.14 zu sehen. Um im Zugbetrieb höchste Energieeffizienz zu erreichen, wird die Übersetzung so ausgelegt, dass der Wirkungsgrad im Optimalbereich liegt, während die geforderten Raddrehmomente weiterhin zuverlässig bereitgestellt werden.

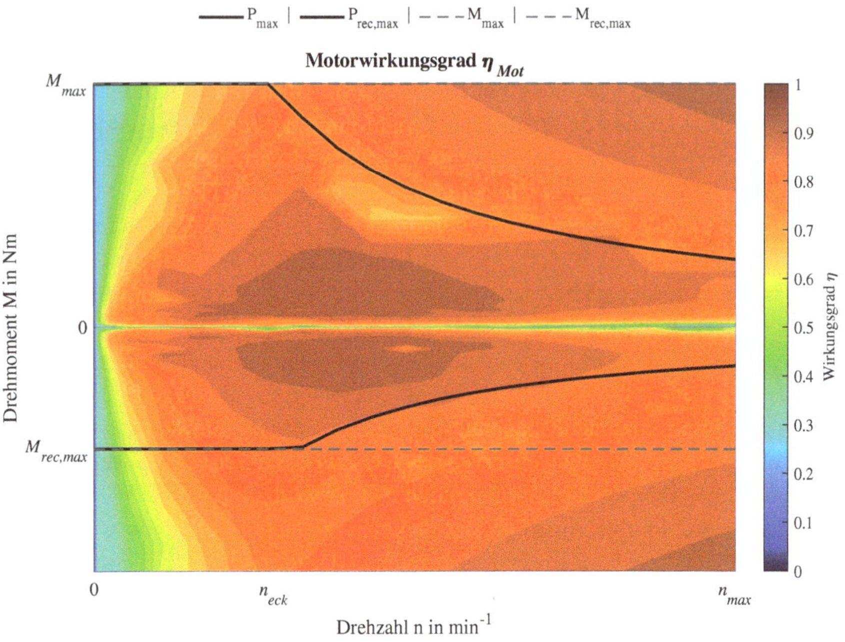


**Abbildung 3.14:** Typisches Wirkungsgradkennfeld einer PMSM

## 3.4 Abschätzung der Ergebnisse

Um diese theoretischen Überlegungen in belastbare Kennzahlen zu überführen, werden die in Kapitel 3.2.1 vorgestellten Fahrzyklen mit dem Beispielfahrzeug für verschiedene feste Übersetzungsverhältnisse simuliert. Das Intervall der Übersetzungsverhältnisse wurde anhand der Tabellen 3.3 und 3.2 ermittelt.

$$i_{\text{ges,max}} = \frac{2\pi \cdot r_{\text{Reifen}} \cdot n_{\text{max}}}{60 \cdot v_{\text{max}}} \qquad \text{Gl. 3.30}$$

$$i_{\text{ges,min}} = \frac{M_{\text{Rad,max}}}{M_{\text{EM,max}}} \qquad \text{Gl. 3.31}$$

Gl. 3.30 und Gl. 3.31 zeigen die Berechnung der Übersetzungsgrenzen auf, Verluste werden dabei nicht berücksichtigt. Die minimal mögliche Übersetzung wird durch die Maximalgeschwindigkeit $v_{\text{max}}$ im jeweiligen Zyklus und den Reifenradius $r_{\text{Reifen}}$ festgelegt. Für die maximal mögliche Übersetzung wird das im jeweiligen

Fahrzyklus höchste auftretende Raddrehmoment $M_{\mathrm{Rad}}$ verwendet. Im nächsten Schritt wird geprüft, ob die Motordrehzahl für diesen Betriebspunkt bei der berechneten Geschwindigkeit im Grunddrehzahlbereich der simulierten PMSM liegt.

Damit ergibt sich ein Bereich von $i_{\mathrm{ges}} \in [4{:}1,\ 15{:}1]$ mit einer gewählten Abstufung von 0,1:1. Zwei Ausnahmen sind der US06, welcher aufgrund des im Vergleich zu den anderen Fahrzyklen auftretenden höheren Raddrehmomenten erst ab einer Übersetzung von 6:1 gefahren werden kann, und der Artemis Highway 150 km/h, bei welchem eine minimale Übersetzung von 14,5:1 benötigt wird, um die im Zyklus auftretende Höchstgeschwindigkeit zu erreichen.

Als Kriterium für einen validen Simulationsdurchlauf wurde die Abweichung der Istgeschwindigkeit des simulierten Fahrzeugs von dessen Sollgeschwindigkeit betrachtet und nach den in der UN/ECE R101 [21] festgelegten Kriterien beurteilt:

Absolute Abweichung von $|v_{\mathrm{soll}} - v_{\mathrm{ist}}| < 2\,\mathrm{km/h}$ für

- maximal 1 s
- stets < 2 s kontinuierlich
- eine maximale Gesamtdauer von < 40 s

Alle Simulationsdurchläufe sind innerhalb des betrachteten Übersetzungsintervalls valide.

Die Verläufe der Gesamtenergieeffizienz für die gewählten Fahrzyklen über dem betrachteten Übersetzungsintervall sind in Abbildung 3.15 zu sehen. Alle Fahrzyklen zeigen eine charakteristische U-Form. Bei langen Gesamtübersetzungen steigt der Energieverbrauch, da die PMSM für ein gegebenes Radmoment hohe Drehmomente und damit auch hohe Ströme liefern muss, was zu ausgeprägten ohmschen Verlusten führt. Kurze Gesamtübersetzungen führen ebenfalls zu überhöhten Energieverbräuchen, da der Motor öfter im Feldschwächebereich betrieben wird und bei hohen Drehzahlen sowie geringen Drehmomenten Bereiche mit steigenden Eisen- und Umlaufverlusten liegen. Es ist außerdem anzumerken, dass der Bereich mit guter Energieeffizienz im Vergleich zu den Extrema relativ breit ausfällt und sich die Varianz der elektrischen Effizienz in Grenzen hält, wenn nur ein einzelner Zyklus betrachtet wird.

Ein Blick auf die jeweils höchste elektrische Effizienz, wie er in Abbildung 3.16 gegeben wird, bringt weitere Erkenntnisse. Es zeigt sich, dass der Verbrauch stärker

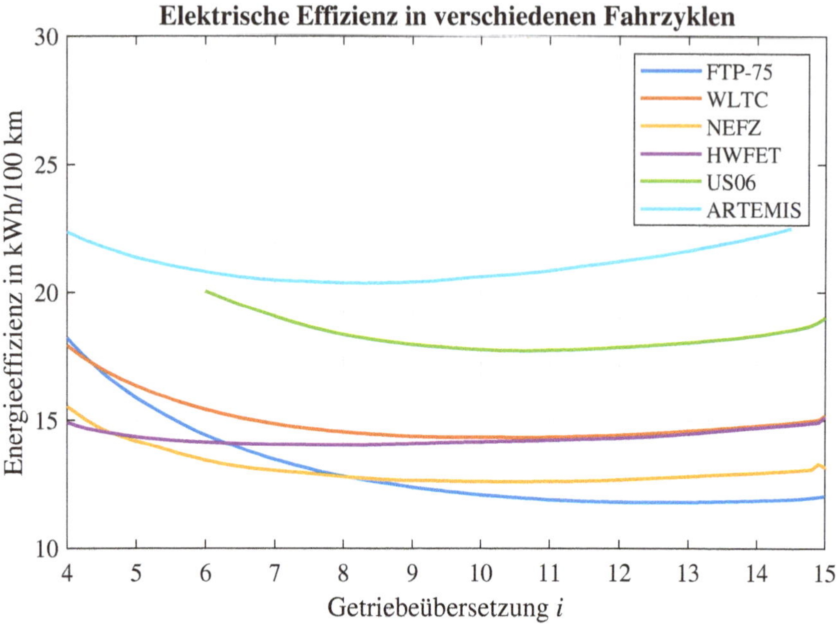


**Abbildung 3.15:** Elektrische Energieeffizienz für verschiedene Fahrzyklen und Übersetzungsverhältnisse

vom gewählten Fahrzyklus als von der Gesamtübersetzung innerhalb des betrachteten Fahrzyklus abhängt. Außerdem ist eine Gruppierung der Optima entlang der x-Achse zu erkennen: Dynamische Zyklen mit höherer benötigter Radleistung und höherer Durchschnittsgeschwindigkeit profitieren von längeren Übersetzungen und städtische Zyklen mit geringerer benötigter Radleistung und Durchschnittsgeschwindigkeit sind bei kürzeren Übersetzungen effizienter, da bei häufigen Anfahrvorgängen die mittleren Ströme reduziert werden. Diese Trends zeigen, dass das größte Einsparpotenzial bei der Verwendung von mehrstufigen Getrieben bei stark heterogenen, realen Streckenprofilen am größten ist. Beispielsweise Streckenprofile, welche wechselweise innerstädtische, Überland- und dynamische Autobahnanteile aufweisen. Genau dort können mehrstufige Getriebe ihre Stärken ausspielen und die Zyklusabhängigkeit des Verbrauchs deutlich abflachen lassen.

Um den Effekt der Rekuperation zu verdeutlichen, wurden die ausgewählten Fahrzyklen erneut mit einer Rekuperationsgrenze von 0 kW simuliert und das negative

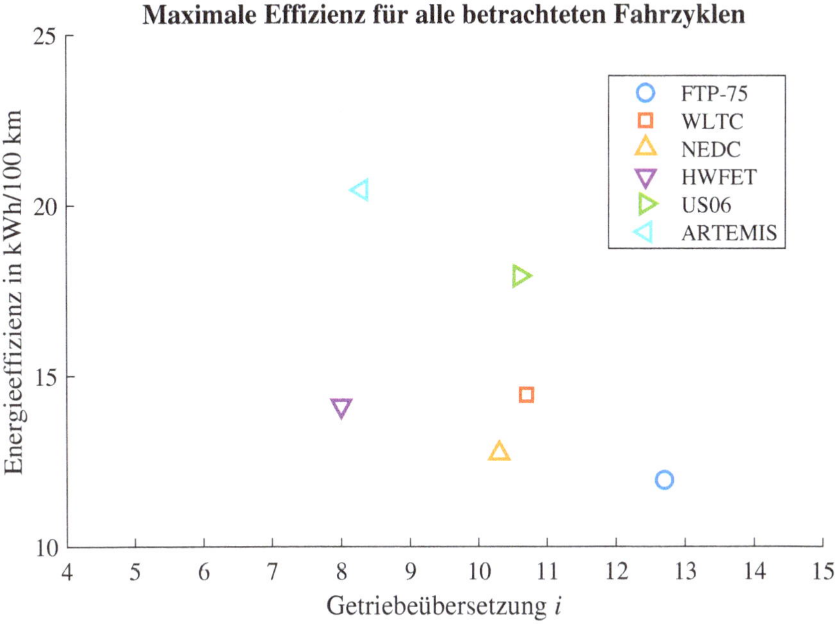


**Abbildung 3.16:** Maximale elektrische Energieeffizienz für verschiedene Fahrzyklen

**Tabelle 3.6:** Vergleich verschiedener Fahrzyklen

| Fahrzyklus | $E_{\text{rek},1}$ in kWh/100 km | $E_{\text{rek},0}$ in kWh/100 km | Differenz |
|---|---|---|---|
| WLTC | 14,44 | 19,21 | 33 % |
| NEFZ | 12,72 | 16,03 | 26 % |
| HWFET | 14,13 | 15,26 | 8 % |
| US06 | 17,93 | 26,59 | 30 % |
| Artemis | 20,45 | 23,11 | 13 % |
| FTP75 | 11,96 | 16,51 | 38 % |

Solldrehmoment aus dem Fahrermodell wird rein über das Modell der mechanischen Bremse umgesetzt. Dabei wurde jeweils die zuvor ermittelte Übersetzung verwendet, bei welcher der geringste Energiebedarf erreicht wurde. Die Ergebnisse sind in Tabelle 3.6 dargestellt und unterstreichen das Einsparpotenzial der Rekuperation, welches besonders bei Fahrten mit vielen Bremsvorgängen zur Geltung kommt.

Zusätzlich wurde der WLTC mit einer einfachen, regelbasierten Schaltlogik (geschwindigkeitsabhängiges Hochschalten mit Schalthysterese) und einem simulierten Zweiganggetriebe untersucht. Die Übersetzungsstufen wurden praxisnah dimensioniert. Gegenüber der bestkalibrierten Einstufen-Referenz zeigte die Zweigang-Auslegung eine höhere Energieeffizienz.

## 3.5 Voruntersuchungen zu potenziellen Fahrleistungssteigerungen

Die Fahrleistungen können nach unzähligen Methoden ermittelt und beurteilt werden. Dabei unterscheiden sich die relevanten Kriterien je nach Einsatzzweck des betrachteten Fahrzeugs. Ein Sportwagen, welcher als leistungsfähig gilt, hat Eigenschaften, welche sich stark von einem leistungsfähigen Geländewagen unterscheiden. Aus diesem Grund werden Kriterien zur Beurteilung der Fahrleistungen für Alltagsfahrzeuge herangezogen, da diese für ein Fahrzeug mit dem geplanten Einsatzzweck übereinstimmen. Die wichtigsten Kriterien für die Fahrleistungen eines Alltagsfahrzeugs sind:

**Beschleunigung von 0 auf 100 km/h**: Der Beschleunigungsvorgang aus dem Stand auf 100 km/h ist kein alltägliches Fahrmanöver, eignet sich jedoch gut, um die objektiven Fahrleistungen verschiedener Fahrzeuge zu vergleichen. Dabei fließen Kenngrößen wie das Leistungsgewicht und die Fahrwerksabstimmung sowie die Art der Kraftübertragung in das Ergebnis mit ein, da diese Größen bei starken Beschleunigungswerten und einer geringen Startgeschwindigkeit maßgeblichen Einfluss auf die Traktion des Fahrzeugs haben.

In Abbildung 3.17 ist die benötigte Zeit für eine Beschleunigung von 0 auf 100 km/h für ein Beispielfahrzeug mit den in Kapitel 3.1 festgelegten Fahrzeugdaten für Gesamtübersetzungen im Bereich von 4:1 bis 16:1 mit einer Schrittweite von 0,1:1 dargestellt. Die verwendete Simulation beachtet den Reifenschlupf nicht, welcher die Beschleunigung bei Pkw mit Vorderradantrieb limitiert. Die Grenze für ein Fahrzeug mit einer Masse von 2000 kg liegt bei modernen Sportreifen und trockenem Asphalt bei einer mittleren Beschleunigung von ca. 0,5 g, was

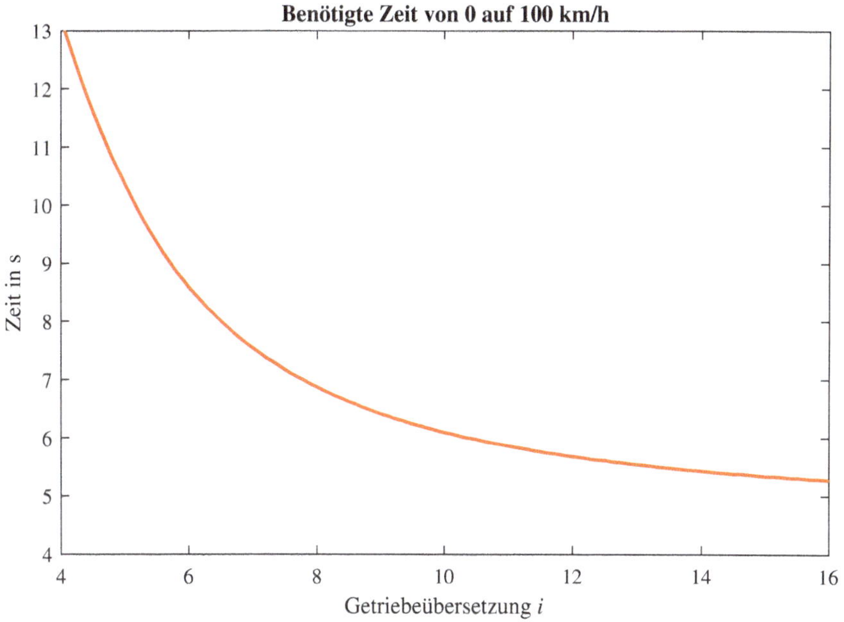


**Abbildung 3.17:** Beschleunigung 0 auf 100 kmh mit verschiedenen Übersetzungsverhältnissen eines Beispielfahrzeugs

einer Zeit von etwa 6 s für einen Sprint von 0 auf 100 km/h entspricht [34]. Die Beschleunigung kann somit bei der Verwendung eines Übersetzungsverhältnisses von 10,4:1 oder kürzer bei den in Tabelle 3.2 dargestellten Fahrzeugdaten maximiert werden. In Kapitel 3.3 ist zu sehen, dass die untersuchten Übersetzungsverhältnisse für das betrachtete Fahrzeug nicht gleichzeitig die jeweils optimalen Verhältnisse für Effizienz und Fahrleistungen darstellen, womit gezeigt ist, dass die Beschleunigung von 0 auf 100 km/h bei der Verwendung mehrstufiger Getriebe verbessert werden kann.

**Durchzugswerte**: Elastizitäts- oder Durchzugswerte werden als Kenngröße herangezogen, um das Zwischenspurtvermögen eines Fahrzeugs beurteilen zu können. Dabei werden alltagsnahe Geschwindigkeitsbereiche gewählt, wie sie beim Auffahren auf eine Autobahn oder bei einem Überholvorgang auftreten. Dieser Kennwert hängt im Vergleich zur Beschleunigung von 0 auf 100 km/h mehr von der Getriebeübersetzung und Motorcharakteristik ab, während die Traktion des Fahrzeugs in der betrachteten Leistungsklasse eine untergeordnete Rolle spielt.

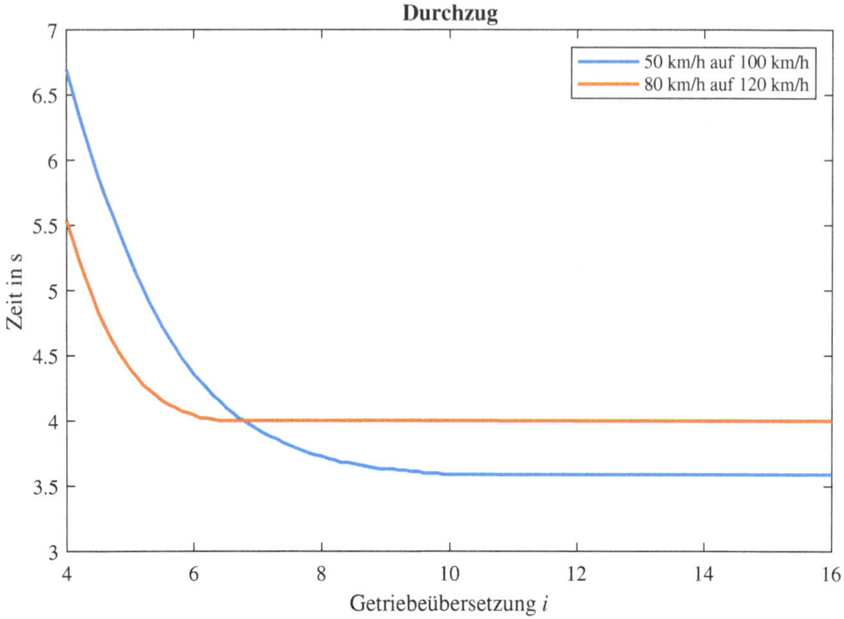


**Abbildung 3.18:** Durchzugswerte von 50 km/h auf 100 km/h bzw. von 80 km/h auf 120 km/h mit verschiedenen Übersetzungsverhältnissen eines Beispielfahrzeugs

In Abbildung 3.18 ist die benötigte Zeit für eine Beschleunigung von 50 km/h auf 100 km/h und von 80 km/h auf 120 km/h für ein Beispielfahrzeug mit den in Kapitel 3.1 festgelegten Fahrzeugdaten für Getriebeübersetzungen im Bereich von 4:1 bis 16:1 mit einer Schrittweite von 0,1:1 dargestellt. Für Übersetzungsverhältnisse im Bereich von 4:1 bis 6:1 sinkt die benötigte Zeit zunächst ab, ab etwa 6:1 im Fall der Beschleunigung von 80 km/h auf 120 km/h und ab etwa 10:1 für die Beschleunigung von 50 km/h auf 100 km/h bleibt die benötigte Zeit bis zu einer Übersetzung von 16:1 konstant. Dies lässt sich über die beim Beschleunigungsvorgang anliegende Radleistung erklären. Liegt der Anfangswert für die Messung des Durchzugs unterhalb von $n_{\mathrm{Eck}}$, so beschleunigt das Fahrzeug nicht durchgehend mit seiner maximalen Radleistung. Liegt der Anfangswert über $n_{\mathrm{Eck}}$, beschleunigt das Fahrzeug im gesamten betrachteten Geschwindigkeitsintervall mit seiner maximalen Radleistung und der Durchzugswert kann nicht weiter verbessert werden (vgl. Abbildung 2.1). Die Herleitung, welche Geschwindigkeit bei $n_{\text{Eck}}$ in Abhängigkeit von $M_{\text{max}}$ und $P_{\text{max}}$ sowie der Übersetzung eines BEV mit einer PMSM anliegt, ist in Gl. 3.32 - Gl. 3.37 gezeigt.

1. Berechnung der Eckdrehzahl $n_{\text{Eck}}$:

$$n_{\text{Eck}} = \frac{P_{\text{max}}}{M_{\text{max}}} \cdot \frac{60\,\text{s}}{2\pi} \qquad \text{Gl. 3.32}$$

2. Berechnung der Raddrehzahl $n_{\text{Rad}}$:

$$n_{\text{Rad}} = \frac{n_{\text{Eck}}}{i} \qquad \text{Gl. 3.33}$$

3. Berechnung der Fahrzeuggeschwindigkeit $v$ aus der Raddrehzahl:

$$v = n_{\text{Rad}} \cdot \frac{U_{\text{Rad}}}{60\,\text{s}} \qquad \text{Gl. 3.34}$$

4. Einsetzen der Raddrehzahl und des Radumfangs:

$$v = \frac{n_{\text{Eck}}}{i} \cdot \frac{\pi \cdot d_{\text{Rad}}}{60\,\text{s}} \qquad \text{Gl. 3.35}$$

5. Einsetzen von Gl. 3.32 in Gl. 3.35:

$$v = \frac{1}{i} \cdot \left( \frac{P_{\text{max}}}{M_{\text{max}}} \cdot \frac{60\,\text{s}}{2\pi} \right) \cdot \frac{\pi \cdot d_{\text{Rad}}}{60\,\text{s}} \qquad \text{Gl. 3.36}$$

6. Kürzen der Faktoren 60 s und $\pi$ sowie Umrechnung von m/s in km/h :

$$v = \frac{P_{\text{max}} \cdot d_{\text{Rad}}}{2 \cdot M_{\text{max}} \cdot i}\,[\text{m/s}] = 3{,}6 \cdot \frac{P_{\text{max}} \cdot d_{\text{Rad}}}{2 \cdot M_{\text{max}} \cdot i}\,[\text{km/h}] \qquad \text{Gl. 3.37}$$

Setzt man die Daten des in dieser Arbeit betrachteten BEV aus Tabelle 3.2 ein, erhält man Werte für die Übersetzungsverhältnisse, bei denen bei 50 km/h und 80 km/h die Eckdrehzahl liegt und sich somit der Durchzugswert des betrachteten Fahrzeugs nicht mehr weiter verbessert:

Für 50 km/h: $i = 10{,}71$
Für 80 km/h: $i = 6{,}69$

Diese Ergebnisse decken sich mit den in Abbildung 3.18 zu sehenden Werten. In der Realität hat der Reifenradius einen Einfluss, da sich dieser aufgrund von Zentrifugalkräften bei zunehmenden Geschwindigkeiten erhöht. Dieser Effekt wird in [6] untersucht. Dabei zeigt sich, dass für übliche Reifenluftdrücke von etwa 2,5 bar die Zunahme des gemessenen Reifenradius im Geschwindigkeitsbereich von 20 km/h bis 120 km/h eine relative Vergrößerung von 0,28 % aufweist. Da dieser Anstieg im betrachteten Bereich sehr gering ausfällt, hat der Reifenradius in dem vorliegenden Szenario nur einen sehr geringen Einfluss.

**Höchstgeschwindigkeit**: Die Höchstgeschwindigkeit ist ein klassischer Indikator für die Fahrleistungen eines Fahrzeugs. Für den Alltagsbetrieb besitzt sie jedoch nur begrenzte Relevanz. Um die Höchstgeschwindigkeit zu maximieren, kann die Getriebeübersetzung so ausgelegt werden, dass die Motorleistung bei der Höchstgeschwindigkeit im Gleichgewicht mit den Fahrwiderständen steht. Somit wird die theoretisch erreichbare Höchstgeschwindigkeit durch die Motorleistung und nicht durch die Getriebeübersetzung limitiert, falls kein elektronisches Geschwindigkeitslimit implementiert ist. Für die Lösung wird ein Python-Script verwendet (vgl. Listing 3.1), welches die nötige Radleistung, um Fahrwiderstände bei bestimmten Geschwindigkeiten zu überwinden, berechnet und in Bezug mit der vorhandenen Motorleistung setzt.

**Listing 3.1:** Python Fahrwiderstandssolver

```
import scipy.optimize as opt
import numpy as np

# Gegebene Werte
P_max = 175000 # Maximale Motorleistung in Watt (175 kW)
P_max = P_max * 0.95 # Radleistung
r_tyre = 0.34 # Reifenrollradius in Metern
m = 2000 # Fahrzeugmasse in kg
C_r = 0.015 # Rollwiderstandskoeffizient
C_d = 0.3 # Luftwiderstandsbeiwert
A = 2.3 # Stirnflaeche in m^2
rho = 1.225 # Luftdichte auf Meereshoehe in kg/m^3
g = 9.81 # Erdbeschleunigung in m/s^2

# Rollwiderstandskraft
F_r = C_r * m * g

# Bestimmung der Geschwindigkeit bei maximaler Leistung (wo P = F * v)
def power_equation(v):
F_d = 0.5 * C_d * A * rho * v**2 # Aerodynamische Widerstandskraft
F_gesamt = F_r + F_d # Gesamte Widerstandskraft
P_benoetigt = F_gesamt * v # Benoetigte Leistung, um Geschwindigkeit zu halten
return P_benoetigt - P_max
```

```
# Loesung fuer v_max
v_max = opt.fsolve(power_equation, 50)[0]  # Anfangsschaetzung: 50 m/s

# Umrechnung in km/h
v_max_kmh = v_max * 3.6
v_max_kmh
------------
Konsole:
252.3804399638161
```

Das Ergebnis beläuft sich auf 252,4 km/h, wobei die tatsächliche Höchstgeschwindigkeit eines Fahrzeugs mit den in Tabelle 3.2 angegebenen Daten geringfügig niedriger ausfällt. Dies ist im Reifenschlupf, welcher bei Geschwindigkeiten von über 200 km/h bei etwa 6 % liegt [24], begründet.

Damit lassen sich zusammenfassend die zu erwartenden Fahrleistungssteigerungen ableiten. Mit den für das Beispielfahrzeug betrachteten Parametern lassen sich die 0–100 km/h-Zeiten durch kürzere Gesamtübersetzungen bis an die Traktionsgrenze heran reduzieren. Ab $i \approx 10{,}4{:}1$ wird die Beschleunigung praktisch maximiert ($\approx 0{,}5\,g$ bzw. $\approx 6$ s unter Idealbedingungen). Im Bereich der Durchzugswerte zeigt sich, dass bis zu einem bestimmten Übersetzungsverhältnis deutliche Verbesserungen erzielt werden können. Jenseits dieser Schwelle wird die Beschleunigung im betrachteten Geschwindigkeitsintervall durch die maximal verfügbare Radleistung limitiert, sodass weitere Verkürzungen der Übersetzung keine zusätzlichen Vorteile bewirken. Die Höchstgeschwindigkeit wird nicht mehr durch eine Übersetzungs- oder Softwarelimitierung, sondern durch die verfügbare Antriebsleistung begrenzt. Aus den Fahrwiderständen ergibt sich für die gegebenen Annahmen eine theoretische Maximalgeschwindigkeit von 252 km/h, die in der Realität etwas niedriger ausfällt. Kürzere Übersetzungen erhöhen zudem die Steigfähigkeit, da das am Rad anliegende Zugmoment und die daraus resultierende Radzugkraft zunehmen. Fahrbare Steigungen bei niedrigen bis mittleren Geschwindigkeiten wachsen entsprechend, bis Traktionsgrenzen oder thermische Grenzen erreicht werden. Insgesamt ermöglicht ein mehrstufiges Getriebe, mit kurzen Gängen Start- und Elastizitätswerte spürbar zu verbessern und zugleich über eine lange Übersetzung die Höchstgeschwindigkeit sowie effiziente Reisebereiche sicherzustellen.

# 4 Entwurf und Implementierung einer Betriebsstrategie

In diesem Kapitel werden zunächst die Zielgrößen und Randbedingungen formuliert, unter denen die Betriebsstrategie entwickelt wurde. Ausgangspunkt bilden die in Kapitel 2.2 beschriebenen Strategiebausteine für Betriebsstrategien in Verbindung mit der in Kapitel 3 vorgestellten Fahrzeugsimulation. Die Betriebsstrategie verfolgt das Ziel, den Energieverbrauch gegenüber dem 1-Gang-Referenzwert zu reduzieren, die Schaltfrequenz aus Komfort- und NVH-Gründen zu begrenzen sowie die Fahrleistungen hinsichtlich Maximalgeschwindigkeit, Beschleunigung und Zwischenspurt zu verbessern. Letzteres wird durch eine Maximierung der Zugkraft in jeder Fahrsituation erreicht.

Für die Optimierung wird der WLTC verwendet, da dieser den meistgenutzten und repräsentativsten Fahrzyklus zur Verbrauchsermittlung von Pkw darstellt. Zudem wurde die Fahrzeugsimulation mit dem WLTC validiert, was eine konsistente Referenzbasis für Optimierung und Validierung schafft und die Vergleichbarkeit der Ergebnisse erhöht. Anschließend erfolgt eine Verifikation der entwickelten Strategie im erweiterten Einsatzspektrum mittels Simulation der in Kapitel 3.2.1 vorgestellten Fahrzyklen, um deren Robustheit und Anwendbarkeit in verschiedenen Fahrsituationen bewerten zu können.

Aus finanzieller Sicht soll die Betriebsstrategie kostenneutral oder idealerweise kostensenkend wirken. Der geringere Energieverbrauch ermöglicht eine kleinere Batterie bei gleichbleibender Reichweite, wodurch Kosten und Gewicht eingespart werden können. Dadurch verschiebt sich das Einsparpotenzial von Energieverbrauch und höherer Reichweite in eine konkrete Verbesserung der Gesamtkosten über den Lebenszyklus.

Zusammenfassend verfolgt die Betriebsstrategie eine multikriterielle Optimierung: Effizienzgewinn, begrenzte maximale Anzahl Gangwechsel pro WLTC aufgrund von Komfort und NVH-Eigenschaften des Fahrzeugs, spürbare Verbesserungen in Höchstgeschwindigkeit, Beschleunigung und Durchzug sowie Kostenneutralität durch einen Batterie-Kapazitäts-Trade-off. Die folgenden Abschnitte erläutern zunächst die konzeptionelle Herleitung der Schaltlogik, beschreiben anschließend


M. Jaksch, *Betriebsstrategien für batterieelektrische Personenkraftwagen mit mehrstufigen Getrieben*, Wissenschaftliche Reihe Fahrzeugtechnik Universität Stuttgart, https://doi.org/10.1007/978-3-658-52610-8_4

deren Parametrierung im Simulink-Umfeld und präsentieren schließlich die Simulationsergebnisse, anhand derer die zuvor definierten Zielgrößen überprüft werden.

## 4.1 Differenzierung zu BEVs, PHEVs und ICEs

Im Vergleich zum in Kapitel 2.2 dargestellten Stand der Technik zeichnet sich die hier entwickelte Betriebsstrategie durch eine klare Vereinfachung hinsichtlich der Freiheitsgrade im Vergleich zu PHEV-Strategien aus. Während diese im generatorischen Betrieb typischerweise mehrere konkurrierende Ziele, wie die Einhaltung oder das Erreichen eines SOC-Zielwertes sowie eine komplexe Leistungsaufteilung verfolgen, konzentriert sich die Strategie des untersuchten BEV auf die Effizienzoptimierung im motorischen Betrieb sowie die Maximierung der Rekuperationsquote im generatorischen Betrieb. Dabei können bekannte Strategiebausteine aus Betriebsstragtegien für ICEVs genutzt werden, jedoch müssen diese aufgrund der höheren Getriebespreizung zwischen den einzelnen Gängen angepasst und spezifisch optimiert werden.

Um eine eindeutige Abgrenzung zwischen den Betriebszuständen motorisch und generatorisch zu gewährleisten und somit eine klare Zuordnung der Ergebnisse sowie eine gezielte Optimierung der jeweiligen Parameter zu ermöglichen, erfolgt eine strikte Trennung der Zustände. Ziel hierbei ist, dass Veränderungen eines Parameters idealerweise nur den betreffenden Betriebszustand beeinflussen. Eine vollständige Isolation ist jedoch nicht möglich, da nach einem Schaltvorgang ein Zustandswechsel vom motorischen in den generatorischen Betrieb oder umgekehrt erfolgen kann und dabei der im anderen Zustand eingelegte Gang erhalten bleibt. Außerhalb dieser Übergangssituationen sind die Betriebsbedingungen hingegen klar definiert und bleiben unverändert.

Diese explizite Trennung und eindeutige Zuordnung der Zustände wird durch den Einsatz eines Simulink Stateflow-Charts realisiert, welcher als Mealy-Automat mit Superstates ausgeführt ist. Der Mealy-Automat zeichnet sich dadurch aus, dass dessen Ausgangswerte nicht nur vom aktuellen Zustand, sondern unmittelbar auch von dessen Eingängen abhängen. Die Verwendung von Superstates ermöglicht zudem eine logische und hierarchische Strukturierung der Betriebszustände, wodurch Übersichtlichkeit und Interpretierbarkeit der Simulations- und Optimierungsergebnisse verbessert werden.

## 4.2 Vorstellung der Betriebsstrategie

Hier werden die in der Betriebsstrategie verwendeten Strategiebausteine aufgelistet. Die Auflistung erfolgt sortiert nach Betriebsart und Zielgröße. Es werden jeweils eine Kurzbeschreibung, der erwartete Effekt sowie die Kalibrierparameter für den jeweiligen Strategiebaustein gegeben. Detaillierte Schalttransienten werden nicht modelliert (vgl. Kapitel 3.2.2), Schaltaufwände gehen pauschal in die Energiebilanz ein. Wie die Strategie in einen Simulink Stateflow-Chart überführt wird und welche Wertebereiche für die Parameterstudie gewählt werden, folgt in Kapitel 4.3.

Begonnen wird mit dem motorischen Betrieb, bei dem die Zielgrößen eine hohe Energieeffizienz sowie eine maximale Schaltzahl pro WLTC sind.

**Schaltkennfelder:** Die Gangwahl erfolgt aufgrund von Schaltkennfeldern, wie sie in Kapitel 2.2.1 vorgestellt wurden. In Abhängigkeit der Lastanforderung wird eine Geschwindigkeit ermittelt, bei deren Überschreitung ein Schaltvorgang in den nächsthöheren Gang ausgelöst wird. Die Rückschaltung erfolgt mit einer Hysterese. Es wird erwartet, dass sich der Antriebsstrang des Fahrzeugs bei korrekter Wahl der Schaltkennfelder in einem besseren Gesamtwirkungsgrad befindet und somit die Energieeffizienz erhöht wird. Die Hysterese allein reicht nicht aus, um ein Schaltpendeln zu vermeiden, weshalb weitere Strategiebausteine benötigt werden, um einen akzeptablen Kompromiss aus Energieeffizienz und Schaltzahl zu erreichen.

Kalibrierparameter dabei sind die Schaltkennfelder selbst und der Betrag der Hysterese für die Rückschaltungen.

**Mindestverweildauern:** Um ein Schaltpendeln zu unterbinden, wird für Hoch- und Rückschaltungen jeweils eine eigene Mindestverweildauer festgelegt. Erst nach Ablauf dieses Zeitraums darf der nächste Schaltbefehl ausgeführt werden. Dadurch wird erwartet, dass sowohl das Schaltpendeln unterdrückt als auch die gesamte Schaltzahl sinkt und sich somit Fahrkomfort und Bauteillebensdauer verbessern.

Kalibrierparameter dieses Strategiebausteins sind die beiden getrennt anpassbaren Verweildauern für Hoch- beziehungsweise Rückschaltungen.

**Mindestlast für Schaltvorgänge:** Liegt die angeforderte Motorlast unter einem festgelegten Schwellwert, bleiben Gangwechsel gesperrt. Dieses Vorgehen verhindert Schaltpendeln im Kleinlastbereich, wodurch Komfort gesteigert und Komponenten geschont werden.

Kalibrierparameter ist die Mindestlastgrenze für Hoch- und Rückschaltungen.

Es folgen die Strategiebausteine, welche im motorischen Betrieb verbesserte Fahrleistungen ermöglichen.

**Kickdown:** Überschreitet die angeforderte Motorlast einen Schwellwert, wird ein sofortiger Rückschaltvorgang in den niedrigstmöglichen, für die aktuelle Fahrgeschwindigkeit zulässigen Gang ausgelöst. Dadurch wird das maximale Zugmoment bereitgestellt, um ein möglichst starkes Beschleunigen zu ermöglichen, beispielsweise bei Überholvorgängen.

Kalibrierparameter ist die prozentuale Lastschwelle für das Auslösen des Kickdowns.

**Sportmodus:** Hierfür wird das Schaltkennfeld so angepasst, dass die einzelnen Gänge länger gehalten werden, um das an den Rädern verfügbare Zugmoment zu maximieren. Dies führt zu einer verbesserten Beschleunigung sowie einem gesteigerten Zwischenspurtvermögen. Zusätzlich wird die Mindestverweildauer zwischen den Gangwechseln reduziert, um schnellere Schaltvorgänge zu ermöglichen und die Dynamik des Fahrzeugs zu erhöhen.

Kalibrierparameter sind die angepasste Schaltkennlinie im Sportmodus sowie die Mindestverweildauer zwischen den Gangwechseln.

Für den generatorischen Betrieb ist die maximale Rate der Rekuperation bei einer maximalen Anzahl an Gangwechseln im WLTC gefordert.

**Effizienzbasierte Gangplanung mit Gangpriorisierung:** Ein Beobachtermodell ermittelt kontinuierlich den Wirkungsgrad des Antriebsstrangs in allen verfügbaren Gängen. Für jeden potenziellen Gangwechsel wird zusätzlich ein Prioritätsfaktor berücksichtigt, welcher die negativen Effekte eines Schaltvorgangs, wie Komforteinbußen, Energieeinsatz in der Schaltaktuatorik oder mechanischen Verschleiß, berücksichtigt. Der ausgewählte Gang ist somit jener mit dem höchsten erwarteten Gesamtwirkungsgrad unter Berücksichtigung dieser Prioritätsbewertung. Es wird erwartet, dass diese Vorgehensweise insbesondere während der Rekuperationsphasen zu einer häufigen Auswahl des effizientesten Gangs führt und damit die Energierückgewinnung maximiert wird. Dieses Vorgehen ist in [60] für ein zweimotoriges BEV mit 4-stufigem DKG beschrieben und wird für die Verwendung in der Betriebstrategie dieser Arbeit für den generatorischen Betrieb angepasst.

Kalibrierparameter dieses Strategiebausteins ist die Gewichtung des Wirkungsgrades des aktuellen Gangs mit dem Schaltpriorisierungsfaktor.

**Geschwindigkeitsabhängiger Priorisierungsfaktor:** Der zur Bewertung potenzieller Gangwechsel verwendete Priorisierungsfaktor wird in Abhängigkeit der Fahrzeuggeschwindigkeit variiert. Hierzu wird der Geschwindigkeitsbereich in drei Stufen unterteilt, in denen jeweils ein eigener Priorisierungswert verwendet wird. Dadurch können Schaltvorgänge bei niedrigen Geschwindigkeiten, bei denen Lastschwankungen und Zustandswechsel stärker ausgeprägt sind als in hohen Geschwindigkeiten, stärker gehemmt werden. Bei hohen Geschwindigkeiten mit stabileren Betriebspunkten kann der Priorisierungsfaktor daher geringer ausfallen, ohne die Stabilität zu gefährden. Es wird erwartet, dass diese Vorgehensweise zu stabileren Betriebspunkten bei hohen Geschwindigkeiten führt und die Schaltstrategie insgesamt präziser und mit weniger Fehlschaltungen arbeitet.

Kalibrierparameter dieses Strategiebausteins sind die Grenzen der drei Geschwindigkeitsbereiche sowie die jeweiligen Priorisierungswerte.

**Mindestverweildauer:** Im Gegensatz zu motorischen Strategien, bei denen separate Verweildauern für Hoch- und Rückschaltungen verwendet werden, kommt hier nur ein gemeinsamer Wert zum Einsatz. Da der effizientere Gang sowohl durch eine Hoch- als auch durch eine Rückschaltung erreicht werden kann, gilt die Mindestverweildauer unabhängig von der Schaltrichtung. Diese Zeitspanne muss ablaufen, bevor ein erneuter Gangwechsel zulässig ist, um ein Schaltpendeln zu vermeiden. Es wird erwartet, dass diese Maßnahme die Häufigkeit unnötiger Schaltvorgänge reduziert und damit sowohl die Gesamtzahl der Schaltungen als auch die Beanspruchung der Antriebsstrangkomponenten senkt.

Kalibrierparameter dieses Strategiebausteins ist die einheitliche Mindestverweildauer zwischen zwei Gangwechseln.

**Mindestlast für Schaltvorgänge:** Ein Gangwechsel darf nur erfolgen, wenn eine festgelegte Mindestlast überschritten wird. So werden unnötige Schaltungen im Kleinlastbereich vermieden, was Komfort und Bauteillebensdauer erhöht.

Kalibrierparameter ist die Mindestlastgrenze für Schaltvorgänge im generatorischen Betrieb.

Die Stabilität der Schaltstrategie wird durch weitere Methoden zur Signalverarbeitung und Mode-Transition Steuerung (vgl. Kapitel 2.2.1) gezielt verbessert. Diese sind grundsätzlich aktiv und wirken sich somit auf den motorischen als auch den generatorischen Betrieb aus.

**Limits für Mode-Transition:** Der Wechsel zwischen verschiedenen Betriebsmodi ist nur zulässig, wenn zuvor definierte Grenzwerte für Motor- und Generatormoment überschritten werden. Diese Begrenzungen verhindern unerwünschte oder instabile Zustandswechsel und tragen zur Schonung der Antriebsstrangkomponenten bei.

Kalibrierparameter der Mode-Transition Steuerung sind die Grenzwerte für Motor- und Generatormoment.

**Tiefpass-Filterung:** Zur Glättung der Eingangssignale wird eine Tiefpassfilterung mit definierter Grenzfrequenz eingesetzt. Dadurch werden Zustandsübergänge stabilisiert und schnelle Signalfluktuationen unterdrückt, was eine präzisere Steuerung der Mode-Transitions ermöglicht. Dadurch werden weniger Fehlschaltungen erwartet.

Kalibrierparameter dieses Strategiebausteins ist die Grenzfrequenz des eingesetzten Filters.

Zusätzlich wird ein Failsafe-Modus implementiert, in dem keine Schaltvorgänge mehr ausgeführt werden. Damit kann auch bei Störungen des Getriebes ein eingeschränkter Betrieb ermöglicht werden, da BEVs keine Anfahrelemente benötigen.

## 4.3 Implementierung der Betriebsstrategie

In diesem Kapitel wird der als Simulink Stateflow-Chart implementierte Schaltautomat vorgestellt. Aufbauend auf den in Kapitel 4.2 beschriebenen Strategiebausteinen erfolgt hier die konkrete Umsetzung der einzelnen Funktionsmodule innerhalb des Zustandsautomaten. Neben der strukturellen Darstellung des Stateflow-Charts werden die logischen Abläufe erläutert, die den Übergang zwischen Zuständen und die Auswahl der Gänge steuern. Darüber hinaus wird gezeigt, wie die zuvor definierten Kalibrierparameter in die Implementierung eingebunden und im Modell parametriert werden, um ein gezieltes Abstimmen der Schaltstrategie zu ermöglichen.

Simulink Stateflow-Charts sind grafische Modelle zur Beschreibung von ereignisgesteuerten und zustandsbasierten Abläufen innerhalb der Simulink/Simscape Simulationsumgebung. Sie stellen Zustände, Zustandsübergänge (Transitionen) und Aktionen visuell dar und eignen sich besonders für Steuerlogiken, die von diskreten Ereignissen, Bedingungen oder Sequenzen abhängen. Stateflow erlaubt dabei die Kombination von Mealy- und Moore-Logik, die Einbindung von zeit- und ereignisabhängigen Bedingungen sowie die Integration in kontinuierliche Simulink-Modelle, um komplexe hybride Systeme aus kontinuierlichen und diskreten Anteilen abzubilden. Der für die Umsetzung der Betriebsstrategie verwendete Stateflow-Chart ist in Abbildung 4.1 abgebildet. Der Zustandsautomat besteht aus den zwei

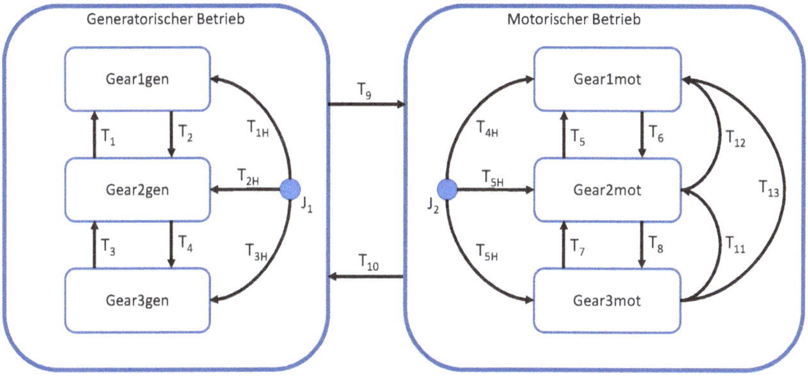


**Abbildung 4.1:** Stateflow-Chart in der Übersicht

Superstates „Generatorischer Betrieb“ und „Motorischer Betrieb“, welche jeweils drei Zustände für die jeweiligen Gänge innerhalb der Superstates beinhalten. Ein spezieller Safety-State zum Verhindern von Schaltvorgängen ist aus Gründen der Übersichtlichkeit nicht abgebildet. Die Bezeichnungen der Transitionen zwischen den Zuständen beginnen mit dem Präfix „T“. Zudem existiert in jedem Superstate eine Verzweigung, welche mit dem Präfix „J“ beginnt. Innerhalb eines Zustands können Anweisungen beim Eintritt, während der aktiven Phase und beim Verlassen ausgeführt werden. Dabei lassen sich sowohl einfache logische Operationen als auch komplexe Algorithmen mit Variablen, Schleifen, rekursiven Aufrufen und ereignisgesteuerten Entscheidungen umsetzen. Durch diese Möglichkeiten erreicht der Zustandsautomat die Ausdrucksstärke einer Turing-vollständigen Sprache, sodass prinzipiell jeder berechenbare Algorithmus implementierbar ist, sofern dies durch Simulations- und Codegenerierungsrestriktionen zulässig ist. Eine Transition verbindet zwei Zustände und legt fest, wann ein Zustandswechsel erfolgt. Damit dieser Wechsel stattfindet, muss zunächst der Guard, also eine logische Bedingung, erfüllt sein. Falls zusätzlich eine weitere Bedingung definiert ist, muss auch diese zutreffen. Ist dies der Fall, werden zunächst die mit der Bedingung verknüpften Aktionen ausgeführt, bevor anschließend beim eigentlichen Zustandswechsel die Transition-Aktion abläuft. Verzweigungen dienen der Bündelung von Entscheidungslogik, ausgehende Transitionen werden dabei in festgelegter Reihenfolge geprüft, wobei ein Standardpfad als Fallback genutzt werden kann. Im Folgenden werden die Strategiebausteine einzeln beschrieben. Am Ende des Kapitels folgt eine Übersicht über die in den Zuständen implementierten Algorithmen sowie über die Transitionen mit ihren jeweiligen Wächtern (Guards), Bedingungen (Conditions) und Aktionen (Actions).

Die Initialwerte für die Parameter wurden, wenn nicht explizit angegeben, aus Voruntersuchungen abgeleitet und stellen einen Kompromiss zwischen Schaltpendelunterdrückung und Ansprechverhalten des Fahrzeugs dar.

### Strategie für den motorischen Superstate

Für die Erstellung des initialen Schaltkennfelds für den Zugbetrieb wurde ein Ansatz gewählt, bei dem das Verhältnis aus benötigter Eingangsleistung zu der abgesetzten Radleistung minimiert wird. Dies wird spezifischer Energieverbrauch genannt und entspricht dem inversen Wirkungsgrad. Ein solcher Ansatz ist für ICEVs in [32] beschrieben und es wird im Folgenden erläutert, wie dieser für den Einsatz in dieser Arbeit modifiziert wurde.

Im ersten Schritt wird ein Beobachter implementiert, welcher für ein Raster aus Fahrzeuggeschwindigkeit $v_i$ und Raddrehmoment $M_{\mathrm{Rad},j}$ den Gesamtwirkungsgrad $\eta_{\mathrm{tot},k}$ in Abhängigkeit des virtuellen Betriebspunkts der EM in jedem Gang $k$ nach Gl. 4.1 berechnet.

$$\eta_{\mathrm{tot},k}(n_{\mathrm{EM},k}, T_{\mathrm{EM},k}) = \eta_{\mathrm{EM,PWR},k}(n_{\mathrm{EM},k}, T_{\mathrm{EM},k}) \cdot \eta_{\mathrm{Get},k}(n_{\mathrm{EM},k}, T_{\mathrm{EM},k}) \quad \text{Gl. 4.1}$$

Dabei muss darauf geachtet werden, dass die virtuellen Betriebspunkte die Drehzahl- und Drehmomentgrenzen der EM für jeden Gang einhalten. Mit $\eta_{\mathrm{tot},k}$ ergibt sich die Eingangsleistung nach Gl. 4.2.

$$P_{\mathrm{in},ijk} = \frac{P_{\mathrm{Rad},ij}}{\eta_{\mathrm{tot},k}} \quad \text{Gl. 4.2}$$

Damit wird eine Kostenfunktion aufgestellt, welche den spezifischen Energieverbrauch für jede Fahrzeuggeschwindigkeit $i$, jede Laststufe $j$ und jeden Gang $k$ angibt, dargestellt in Gl. 4.3.

$$C_{ijk} = \frac{P_{\text{batt},ijk}}{P_{\text{rad},ij}} \qquad \text{Gl. 4.3}$$

Zur Ermittlung der initialen Hochschaltlinien wird für jede Laststufe $j$ und jedes Gangpaar $(k, k+1)$ die in Gl. 4.3 definierte Kostenfunktion über der Fahrzeuggeschwindigkeit $v_i$ ausgewertet und grafisch aufgetragen. Der jeweilige Hochschaltpunkt für Laststufe $j$ ergibt sich bei derjenigen Geschwindigkeit, bei welcher der Wert der Kostenfunktion für den höheren Gang $k+1$ erstmals kleiner ist als derjenige für den aktuellen Gang $k$:

$$\text{Finde erstes} \quad v_{jk} \quad \text{für das gilt:} \quad C_{ij,k} < C_{ij,k+1} \qquad \text{Gl. 4.4}$$

Die Rückschaltlinien ergeben sich aus einer Hysterese mit dem Startwert 10 km/h. In Abbildung 4.2 sind die Kostenfunktionen für Gang eins und zwei bei einem

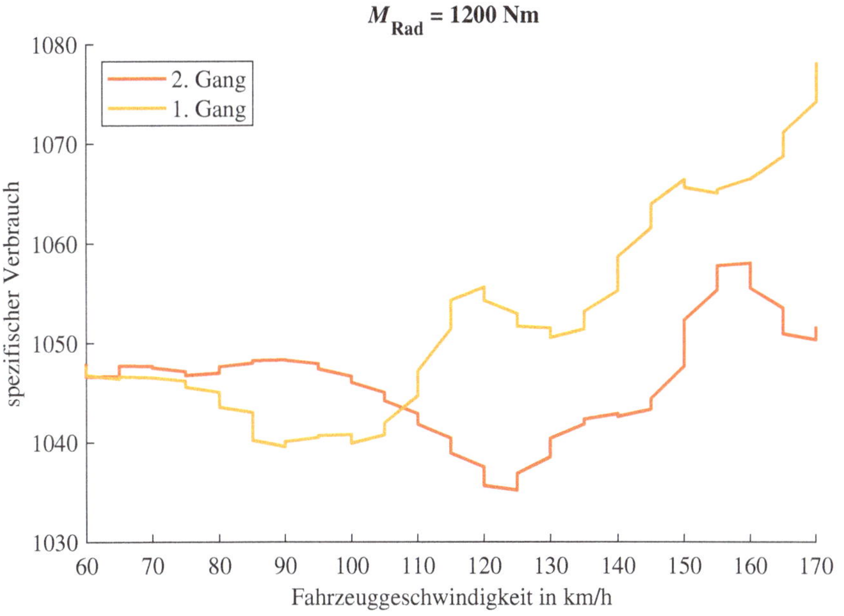


**Abbildung 4.2:** Kostenfunktion für Gang 1 und 2 bei $M_{\text{Rad}} = 1200\,Nm$

Raddrehmoment von 1200 Nm in dem Geschwindigkeitsbereich von 60 km/h bis 170 km/h aufgetragen. Bei dieser Last ist der spezifische Energieverbrauch ab einer Geschwindigkeit von 107,5 km/h im zweiten Gang geringer als im ersten Gang. Der Hochschaltpunkt vom ersten in den zweiten Gang wird bestimmt, indem das Raddrehmoment in den prozentualen Motordrehmomentbedarf überführt wird. Dieses Vorgehen wird über die gesamte Lastmatrix angewandt, um das initiale Schaltkennfeld zu erzeugen. Das sich aus der beschriebenen Methode ergebende initiale Schaltkennfeld ist in Abbildung 4.3 dargestellt.

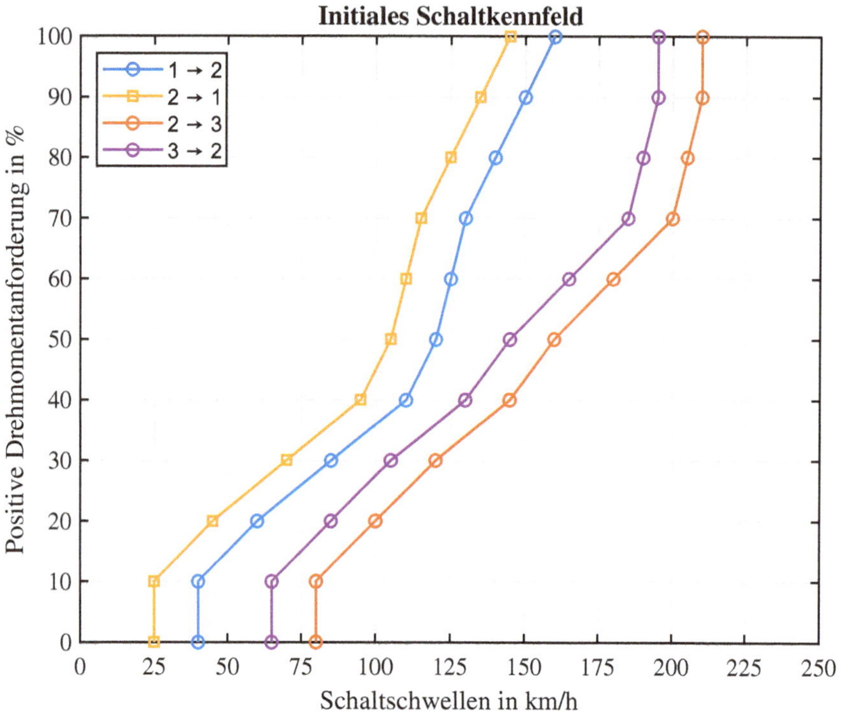


**Abbildung 4.3:** Initiales Schaltkennfeld

Die Mindestverweildauern sind als Guard-Bedingung mit temporaler Logik für die Zustandsübergänge innerhalb des „Zugbetrieb“ Superstate hinterlegt. Beim Erreichen eines Zustands wird ein Timer gestartet, ein Schaltvorgang ist erst nach dessen Ablauf zulässig. Die Logik ist in Gl. 4.5 dargestellt:

$$\text{Schalten}_{\uparrow} := (t_{\uparrow} \geq T_{\uparrow}), \quad \text{Schalten}_{\downarrow} := (t_{\downarrow} \geq T_{\downarrow}) \qquad \text{Gl. 4.5}$$

Als Initialwert wurde $T_{\uparrow} = T_{\downarrow} = 2\,s$ gewählt.

Um ein Hochschalten bei sehr geringer Antriebslast zu vermeiden, wird eine Mindestlastschwelle $L_{\text{min}}$ definiert und als Guard-Bedingung für die Zustandsübergänge in einen höheren Gang innerhalb des „Zugbetrieb" Superstate hinterlegt. Die Freigabe erfolgt, wenn die aktuell angeforderte Motorlast die Mindestlastschwelle überschreitet. Die Logik ist in Gl. 4.6 dargestellt:

$$\text{Schalten}_{\uparrow} := (L_{\text{Mot}} \geq L_{\text{min}}) \qquad \text{Gl. 4.6}$$

Als Initialwert wurde $L_{\text{min}} = 2\,\%$ gewählt.

Der Kickdown ist als logische ODER Guard-Bedingung implementiert, welche beim Überschreiten des Kickdownschwellwerts einen Schaltvorgang in den niedrig möglichsten Gang ausführt. Für den Initialwert wurde eine Lastanforderung von 90 % gewählt.

Um den Sportmodus zu implementieren wurde ein modifiziertes Schaltkennfeld angelegt, welches im Sportmodus anstelle des Standardkennfelds aktiv ist. Die Schaltschwellen liegen dabei bei höheren Lasten und Geschwindigkeiten als im Standardkennfeld. Zudem werden die Mindestverweildauern für Schaltvorgänge herabgesetzt, um schnelle Schaltfolgen zu ermöglichen und so eine erhöhte Fahrzeugdynamik zu gewährleisten.

**Strategie für den generatorischen Superstate**

Für den regenerativen Superstate wird die Gangwahl auf Basis kombinierter Wirkungsgradkennfelder mit Gangwahlpriorisierung durchgeführt. Hierzu werden für die Gänge 1–3 statische Kennfelder der äquivalenten kombinierten PWR-, EM- und Getriebe-Wirkungsgrade erstellt und in der Simulation von einem Beobachter online zu jedem Zeitschritt ausgewertet. Der Beobachter berechnet aus der Fahrzeuggeschwindigkeit und der abgesetzten (generatorischen) Motorlast den virtuellen Betriebspunkt in jedem verfügbaren Gang und ermittelt daraus den jeweiligen äquivalenten Wirkungsgrad $\eta_{\text{tot},k}$. Die Gangwahl erfolgt nach dem Maximum dieser Größe unter Berücksichtigung eines Priorisierungsfaktors für den aktuell eingelegten Gang sowie weiterer Nebenbedingungen für einen Gangwechsel.

Konzeptionell folgt die Priorisierung dem Ansatz von Nguyen et al. [60], die Hysteresezonen zwischen Hoch- und Rückschaltlinien durch Integration eines Priorisierungsfaktors $p_{\text{prio}}$ in die äquivalente Effizienz des aktuell eingreifenden Gangpaares erzeugen. Dadurch wird das Betriebsgebiet des aktuellen Gangs gezielt erweitert und Schaltpendeln wirkungsvoll unterdrückt, ohne die Energieeffizienz nennenswert zu verschlechtern. Die Methode trennt explizit Beschleunigungs- und Verzögerungszustände und verwendet für die Rekuperation eine generatorische Effizienzaggregation (harmonische Mittelung gemäß Lastanteilen), bevor die Priorisierung angewandt wird. Diese Logik ist in der hier verwendeten Beobachterstruktur nachgebildet und wird für die Bewertung der Gänge 1–3 im generatorischen Betrieb angewandt.

Operativ wird der aktuelle Gang in der Kostenfunktion mit einem Prioritätsfaktor vorteilhaft gewichtet, während alle anderen Gänge unmodifiziert bewertet werden. Mathematisch entspricht dies der in Nguyen et al. [60] als „priority factor“ eingeführten Vergrößerung des Haltebereichs des eingelegten Gangs. Dadurch wird erst dann geschaltet, wenn ein anderer Gang eine wesentlich bessere Effizienz aufweist. Die statischen Einflüsse sind vollständig im Wirkungsgradkennfeld und der äquivalenten Effizienzaggregation enthalten, die Schaltlinien sind somit indirekt Kennfeld-basiert. Dynamische Effekte wie Trägheiten oder Sensorrauschen werden bewusst nicht im Kennfeld abgebildet, sondern im übergeordneten Simscape-Modell durch Signalaufbereitung und Logik behandelt.

Mit dieser Trennung bleibt die statische Optimalität der Gangwahl durch das Wirkungsgradkennfeld erhalten, während dynamisches Verhalten realistisch und robust durch Filter- und Logikbausteine in der überlagerten Steuerung erzeugt wird.

Zusätzlich wird der Prioritätsfaktor über die Fahrzeuggeschwindigkeit hierarchisiert. Dazu werden zwei Schwellwerte $v_1$ und $v_2$ definiert, welche den Geschwindigkeitsbereich in drei Zonen unterteilen. Jedem dieser Bereiche wird ein konstanter Prioritätswert $p_1$, $p_2$ bzw. $p3$ zugeordnet. Dies ist in mathematischer Notation in Gl. 4.7 dargestellt.

$$p_{\text{prio}}(v) = \begin{cases} p_1, & v < v_1, \\ p_2, & v_1 \leq v < v_2, \\ p_3, & v \geq v_2\ , \end{cases} \qquad \text{Gl. 4.7}$$

Ein Vergleich (siehe Anhang B.5) hat gezeigt, dass ein statischer sowie ein aufsteigend stärker gewichteter, geschwindigkeitsabhängiger Priorisierungsfaktor einem absteigend gewichteten, geschwindigkeitsabhängenden Priorisierungsfaktor unterlegen ist. Die verwendete Gewichtung ergibt sich nach Gl. 4.8.

$$p_1 = 3 \cdot p_{\text{prio}}, \quad p_2 = 2 \cdot p_{\text{prio}}, \quad p_3 = p_{\text{prio}} \qquad \text{Gl. 4.8}$$

Analog zu den Mindestverweildauern im Superstate „Zugbetrieb" Superstate wurde eine Mindestverweildauer als Guard-Bedingung für den „Schubbetrieb" Superstate festgelegt, welche Zustandsübergänge und somit Schaltvorgänge erst nach deren Ablauf zulässt. Für den Initialwert wurde $T_\uparrow = T_\downarrow = 3\,s$ gewählt, um schnelle Schaltfolgen zu vermeiden.

Die Mindestlast für Schaltvorgänge im Schubbetrieb gilt für Hoch- und Rückschaltungen, da je nach Betriebszustand sowohl ein höherer als auch ein niedrigerer Gang vorteilhaft sein kann. Der Initialwert beträgt 2 %.

**Signalkonditionierung und Mode-Transition Steuerung**

Die Tiefpassfilterung ist mit einem PT1-Glied, welches auf die Eingänge des Stateflow-Charts wirkt, umgesetzt. Die Übertragungsfunktion lautet:

$$G(s) = \frac{K}{1 + Ts}, \qquad K > 0,\ T > 0 \qquad \text{Gl. 4.9}$$

Mit $s = j\omega$ kann der Betrag des Frequenzgangs und die Phasenverschiebung über der Frequenz hergeleitet werden.

Einsetzen von $s = j\omega$ ergibt:

$$G(j\omega) = \frac{K}{1 + j\omega T}$$

Um den komplexen Ausdruck in seinen Real- und Imaginärteil zu zerlegen wird der Bruch mit seinem komplex konjugierten Nenner erweitert:

$$G(j\omega) = K\,\frac{1 - j\omega T}{(1 + j\omega T)(1 - j\omega T)} = K\,\frac{1 - j\omega T}{1 + (\omega T)^2}$$

Real- und Imaginärteil lauten somit:

$$\Re\{G(j\omega)\} = \frac{K}{1 + (\omega T)^2}, \qquad \Im\{G(j\omega)\} = -\frac{K\,\omega T}{1 + (\omega T)^2}$$

Der Betrag des Frequenzgangs folgt aus:

$$|G(j\omega)| = \sqrt{\Re^2 + \Im^2} = K\sqrt{\frac{1+(\omega T)^2}{\left[1+(\omega T)^2\right]^2}} = \frac{K}{\sqrt{1+(\omega T)^2}}$$

Mit $K > 0,\ T > 0$ ergibt sich der Phasengang zu:

$$\varphi(\omega) = \operatorname{arctan2}(\Im, \Re) = \arctan\left(\frac{\Im}{\Re}\right) = -\arctan(\omega T)$$

Damit ergibt sich der Frequenzgang des PT1-Glieds zu:

$$\boxed{|G(j\omega)| = \frac{K}{\sqrt{1+(\omega T)^2}}, \qquad \angle G(j\omega) = -\arctan(\omega T)}$$

Die Grenzfrequenz ergibt sich mit der $-3\,\text{dB}$-Bedingung $|G| = K/\sqrt{2}$

$$\frac{K}{\sqrt{1+(\omega_g T)^2}} = \frac{K}{\sqrt{2}} \implies 1 + (\omega_g T)^2 = 2 \implies \omega_g = \frac{1}{T}, \quad f_c = \frac{\omega_g}{2\pi} = \frac{1}{2\pi T}$$

Für das Grenzverhalten gilt Folgendes
$f \longrightarrow 0$ mit $\omega = 2\pi f$:

$$\lim_{f\to 0} G(j2\pi f) = \frac{K}{1+j\,0} = K, \quad |G(j2\pi f)| \xrightarrow[f\to 0]{} K, \quad \angle G(j2\pi f) \xrightarrow[f\to 0]{} 0^\circ$$

$f \longrightarrow \infty$ Für große Frequenzen dominiert der Term $j\omega T$:

$$G(j\omega) \approx \frac{K}{j\omega T} \quad \Rightarrow \quad |G(j\omega)| \approx \frac{K}{\omega T}, \qquad \angle G(j\omega) \approx -90^\circ$$

In der dB-Skala folgt damit die charakteristische Flanke von $-20\,\text{dB/Dekade}$ oberhalb $f_g$.

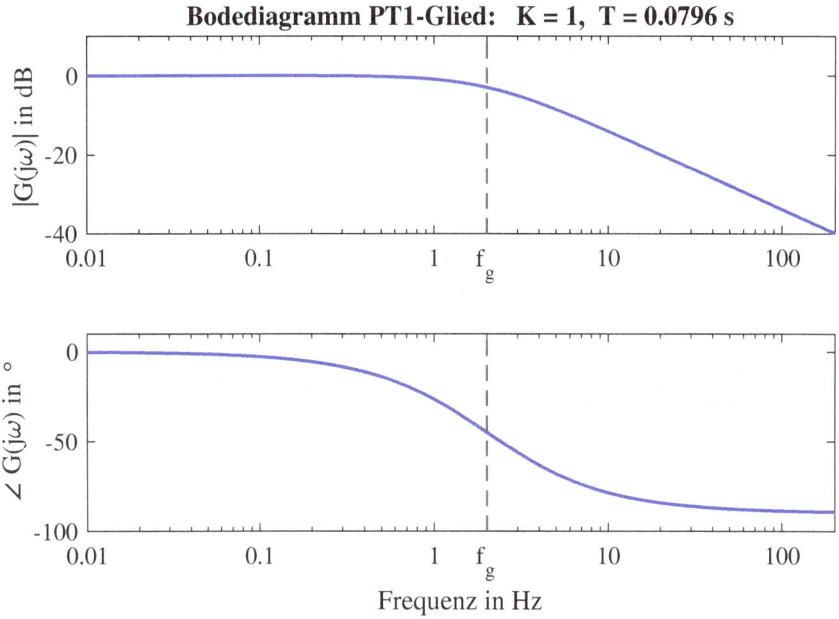


**Abbildung 4.4:** Bodediagramm des Übertragungsverhalten eines PT1-Glieds

Mit $K = 1$ kann somit das Verhalten eines Tiefpassfilters mit der Grenzfrequenz $f_g$ dargestellt werden. In Abbildung 4.4 ist ein Bodediagramm des Übertragungsverhalten eines PT1-Glieds dargestellt. Als Initialwert wurde eine Grenzfrequenz von 1 Hz gewählt.

Die Mode-Transition Limits werden als Guard-Bedingung für Zustandsübergänge zwischen den Superstates hinterlegt. Als Initialwert wird ein Wert von 2,5 Nm gewählt.

Damit ist die Implementierung der Strategie vollständig beschrieben. Es folgt nun eine Übersicht aller Zustände, Transitionen und Verzweigungen des Zustandsautomat in Abbildung 4.1.

**Zustände:** Die Beschreibung der Zustände beinhaltet die Anweisungen innerhalb des jeweiligen Zustands. In Anhang B.4 wird eine Übersicht über alle in dem Zustandsautomaten verwendeten Signale und Variablen gegeben.

**Gear1gen, Gear2gen, Gear3gen:**

```
Entry:
 Sollgang <- X

During:
 if vFzg < v1
  p_prio <- p1
 elseif vFzg < v2
  p_prio <- p2
 else
  p_prio <- p3
 end
 Gangeffizienz * p_prio -> eta_X
 eta_1 <- FirstEff
 eta_2 <- SecondEff
 eta_3 <- ThirdEff
 gear_opt <- argmax{eta_1, eta_2, eta_3}

Exit:
 keine Aktion
```

**Gear1mot, Gear2mot, Gear3mot:**

```
Entry:
 Sollgang <- X

During:
 if SportMode == 0
  upPos   <- interp1(tqBP, upSpd(2,:), tqPosPct)
  downPos <- interp1(tqBP, downSpd(1,:), tqPosPct)
  t_dwell_mot_up   <- dwell_t_up
  t_dwell_mot_down <- dwell_t_down
 else
  upPos   <- interp1(tqBP, upSport(2,:), tqPosPct)
  downPos <- interp1(tqBP, downSport(1,:), tqPosPct)
  t_dwell_mot_up   <- dwell_t_upSport
  t_dwell_mot_down <- dwell_t_downSport
 end

Exit:
 keine Aktion
```

**Verzweigungen:**
$J_1$: Beim Eintritt in den Superstate „Generatorischer Betrieb" wird anhand des aktuellen Gangs entschieden, in welchen Unterzustand gewechselt wird.
$J_2$: Beim Eintritt in den Superstate „Motorischer Betrieb" wird anhand des aktuellen Gangs entschieden, in welchen Unterzustand gewechselt wird.

**Transitionen:** Die Beschreibung der Transitionen wird in der Stateflow-Notation gegeben, welche wie folgt aufgebaut ist:

```
[Wächter]{Transitionsaktion}
```

Die Transition von ihrem Start- in den Zielzustand wird ausgelöst, wenn die Wächter-Bedingung erfüllt ist. Zusätzlich wird die Transitionsaktion ausgeführt.

```
T1-4, X in {1,2,3}: [gear_opt == X && after(dwell_t_rec, sec)
                     && tqNegPct > tqNegLim]{gearCur = X;}
```

```
T5,T7, X in {1,2}: [after(t_dwell_mot_down, sec)
                    && vFzg <= downPos]{gearCur = X;}

T6,T8, X in {2,3}: [after(t_dwell_mot_up, sec)
                    && tqPosPct > tqPosLim
                    && vFzg >= upPos]{gearCur = 3;}

T9: [M_mot > M_motlim]

T10: [M_mot < M_genlim]

T11,T12,T13, X in {1,2}: [after(t_dwell_mot_up, sec)
                          && tqPosPct > kickDownLim
                          && GearXSpeedOk == 1]{gearCur = X;}

T1H,T2H,T3H,T4H,T5H,T6H, X in {1,2,3}: [gearCur == X]
```

## 4.4 Parameterstudie und Ergebnisse

In diesem Kapitel wird die Parameterstudie vorgestellt und ihre Ergebnisse rein deskriptiv dargestellt. Untersucht wird der Einfluss der in Kapitel 4.3 vorgestellten Kalibrierparameter auf Zielgrößen wie die Anzahl an Schaltvorgängen und die elektrische Energieeffizienz im vollständigen WLTC mit einer Dauer von 1800 s. Die Studie wurde unter identischen Randbedingungen und mit derselben Modellversion durchgeführt. Die Parameterräume sind tabellarisch dokumentiert und deren Variation erfolgt in Form von ein- und zweidimensionalen Parameteränderungen. Auf den Einsatz von Optimierungsverfahren wurde bewusst verzichtet, um robuste und übertragbare Aussagen zu erhalten. In der Serie wirken Serienstreuung, Fertigungstoleranzen, Alterung, Temperatur, Reifen und unterschiedliche Fahrer sowie Streckenprofile zusammen. Eine automatisierte Optimierung würde notwendigerweise auf eine konkrete Zielfunktion und Gewichtung kalibriert und liefe Gefahr, sich zu stark an die spezifischen Eigenschaften des WLTC oder einzelner Annahmen anzupassen. Die gewählte Parameterstudie macht Einflüsse transparent, hält die

Nachvollziehbarkeit hoch und erlaubt eine saubere Trennung von Datenerhebung und späterer Deutung. So lassen sich Zusammenhänge und Monotonien verlässlich erkennen und für die Serienapplikation in einfache, prüfbare Kalibrierregeln überführen. Zudem vermeidet der Verzicht auf Optimierung, dass Ergebnisse stark von nicht eindeutig begründbaren Zusammenhängen, Nebenbedingungen oder Startwerten abhängen, was die technische Argumentation und die Reproduzierbarkeit stärkt.

Obwohl der Schwerpunkt auf der Darstellung der Resultate liegt, erlaubt die Gegenüberstellung der Varianten auch Rückschlüsse auf die relative Empfindlichkeit der Zielgrößen gegenüber den einzelnen Parametern. In diesem Sinne liefert die Untersuchung neben der reinen Ergebnisdarstellung zugleich eine qualitative Sensitivitätsbetrachtung.

In der Studie wurden ausschließlich die in Tabelle 4.1 aufgeführten Parameter innerhalb der angegebenen Wertebereiche variiert. Alle übrigen Parameter blieben, wenn nicht explizit anders angegeben, auf den in Kapitel 4.3 definierten Standardwerten.

Simulationsdurchläufe, welche die in Kapitel 3.4 aufgelisteten Kriterien für einen gültigen WLTC-Durchlauf nicht erfüllen, werden direkt verworfen.

**Tabelle 4.1:** Parameter und Wertebereiche der Studie

| ID | Parameter | Wertebereich |
|---|---|---|
| 1 | $\Delta v_{\text{shift}}$ je Gang in km/h | $[-15:5:15]$ |
| 2 | Hysterese in km/h | $[0:5:50]$ |
| 3 | $p_{\text{prio}}(v)$ invers | $[0:0,01:0,1]$ |
| 4 | $v_1$ in km/h | $[20:5:50]$ |
| 5 | $v_2$ in km/h | $[60:5:90]$ |
| 6 | $\Theta_{\text{schalt,mot}}$ in % | $[0:1:3]$; 5; 10 |
| 7 | $\Theta_{\text{schalt,gen}}$ in % | $[0:1:3]$; 5; 10 |
| 8 | $T_{\uparrow}$ in s | $[0:1:5]$; 8 |
| 9 | $T_{\downarrow}$ in s | $[0:1:5]$; 8 |
| 10 | $T_{\text{rec}}$ in s | $[0:1:8]$ |
| 11 | $MT_{\text{mot}}$ in Nm | 0; 2,5; 5; 10; 20; 40; 60; 100 |
| 12 | $MT_{\text{gen}}$ in Nm | 0; −2,5; −5; −10; −20; −40; −60; −100 |
| 13 | $f_g$ Tiefpass in Hz | $[0:0,5:2,5]$; 5; 7,5; 10; 20 |

Unabhängig von der Auswertung lässt sich aus der Logik des Schaltautomaten ableiten, dass die in Tabelle 4.1 aufgeführten Kalibrierparameter trotz überwiegend separierbarer Haupteffekte nicht strikt unabhängig wirken, sondern sich strukturbedingt wechselseitig beeinflussen. Diese Interaktionen treten insbesondere dann hervor, wenn Randfälle oder Leerlaufvarianten (Variationen ohne Wirkung auf die Zielgrößen) vorliegen. So ist etwa die geschwindigkeitsabhängige Gewichtung des Prioritätsfaktor wirkungslos, wenn dieser 0 ist oder wenn die Grenzgeschwindigkeit oberhalb der maximalen Geschwindigkeit des WLTC liegt. Solche Konstellationen verzerren Sensitivitätsaussagen und müssen daher bereits in der Versuchsplanung adressiert werden.

Zur Sicherstellung sinnvoller Varianten ist der zulässige Parameterraum strikt an den im vollständigen WLTC auftretenden Geschwindigkeits- und Lastbereich gebunden. Durch diese Beschränkung wird gewährleistet, dass jede Parameteränderung reale Fahrzustände beeinflusst und damit interpretierbare Effekte auf Anzahl an Schaltvorgängen, Betriebszustände und Effizienz gewährleistet.

Vor diesem Hintergrund ist die Reihenfolge der Parameteränderungen entscheidend, um Scheinkorrelationen zu vermeiden und Monotonien sichtbar zu machen. Die Variation der Kalibrierparameter erfolgt sequenziell, um Interferenzen zu minimieren und Effekte eindeutig zuordnen zu können. Zunächst werden die in Tabelle 4.1 ausgewiesenen Schaltlinien je Gang über den vorgesehenen Wertebereich verschoben, womit die Lage der Auf- und Abschaltlinien als grundlegendes Schaltverhalten festgelegt wird. Anschließend folgt die Variation der Rückschalthysterese, um das zuvor definierte Kennfeld gegenüber Rauschen und transienten Anregungen zu stabilisieren, ohne die Schaltlinien systematisch zu verschieben. Darauf folgt die Bestimmung eines wirksamen Optimums des Priorisierungsfaktors für die Gangwahl im generatorischen Superstate. Nach Festlegung der globalen Priorisierung werden die Geschwindigkeits-Knickpunkte $v_1$ und $v_2$ variiert, andernfalls überdeckt ein vertrimmter Prioritätsfaktor die Sensitivität anderer Größen und erzeugt Scheinkorrelationen. In allen nachfolgenden Parametervariationen werden die jeweils zuvor optimierten Parameter auf ihrem Optimum gehalten.

**Ergebnisse:** Die Ergebnisdarstellung folgt für alle Konfigurationen einem einheitlichen Schema. Dargestellt werden absolute und relative Kennwerte der End-Energieeffizienz in kWh/100 km und der Anzahl der Schaltvorgänge über dem ein- bzw. zweidimensionalen Parameterraum sowie eine Hüllkurve der Energieeffizienz im Zeitverlauf, gebildet über alle Parameterkombinationen. Die initialen Parameter sind dabei hervorgehoben.

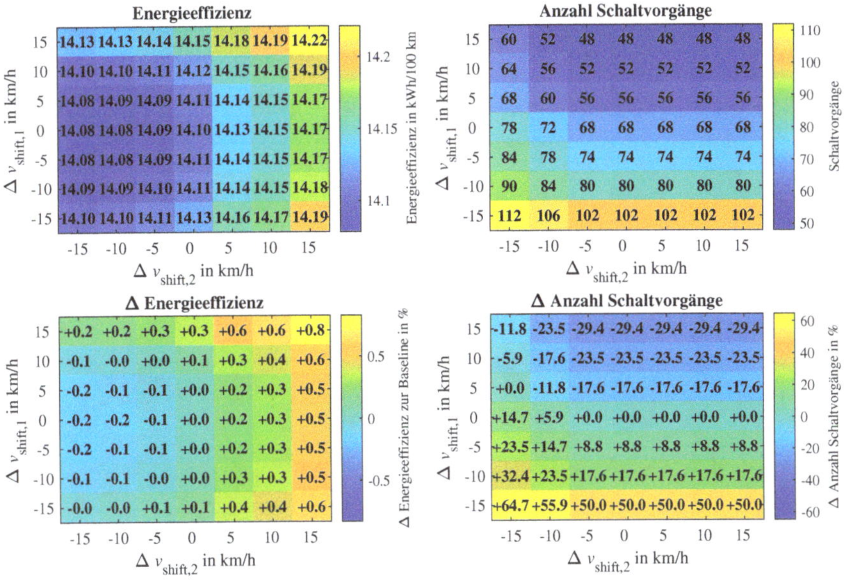


**Abbildung 4.5:** Absolute und relative Energieeffizienz und Anzahl Schaltvorgänge über der Variation der Schaltpunkte im Zugbetrieb

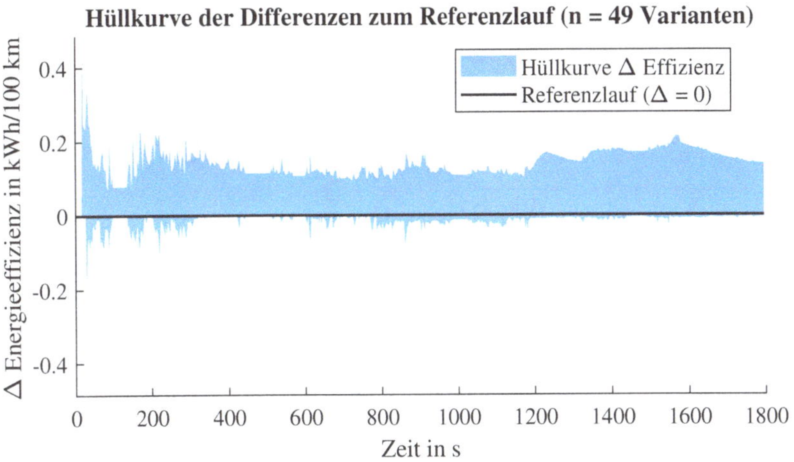


**Abbildung 4.6:** Hüllkurve der Parametervariation der Schaltkennlinien

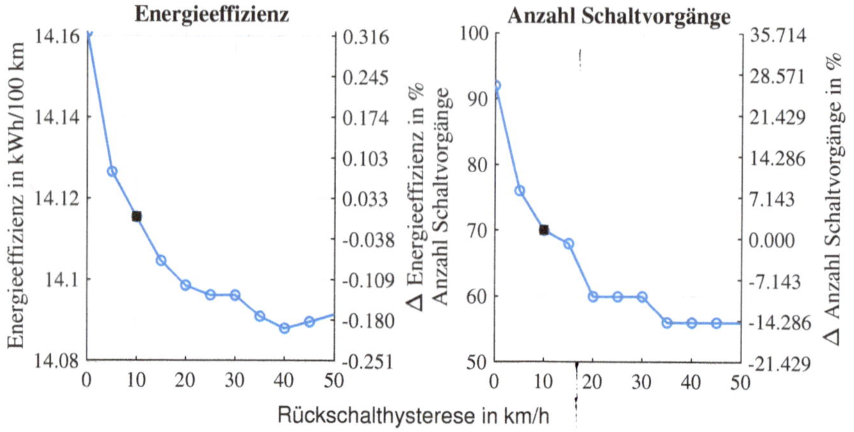


**Abbildung 4.7:** Absolute und relative Energieeffizienz und Anzahl Schaltvorgänge über der Variation der Rückschalthysterese

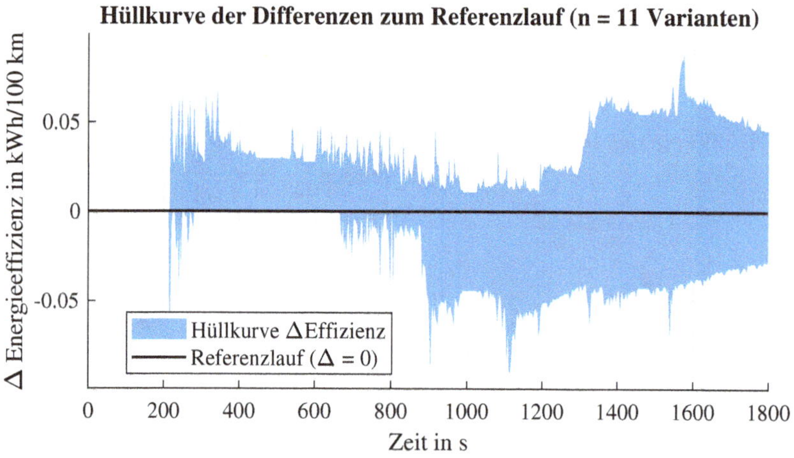


**Abbildung 4.8:** Hüllkurve der Parametervariation der Rückschalthysterese

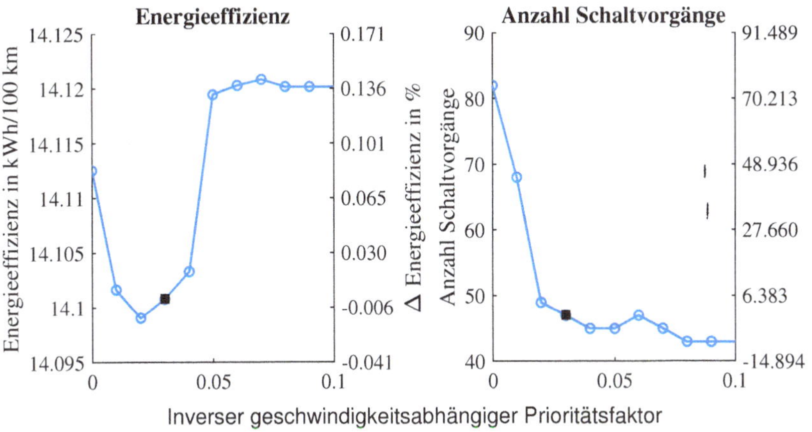


**Abbildung 4.9:** Absolute und relative Energieeffizienz und Anzahl Schaltvorgänge über der Variation des geschwindigkeitsabhängigen Prioritätsfaktors

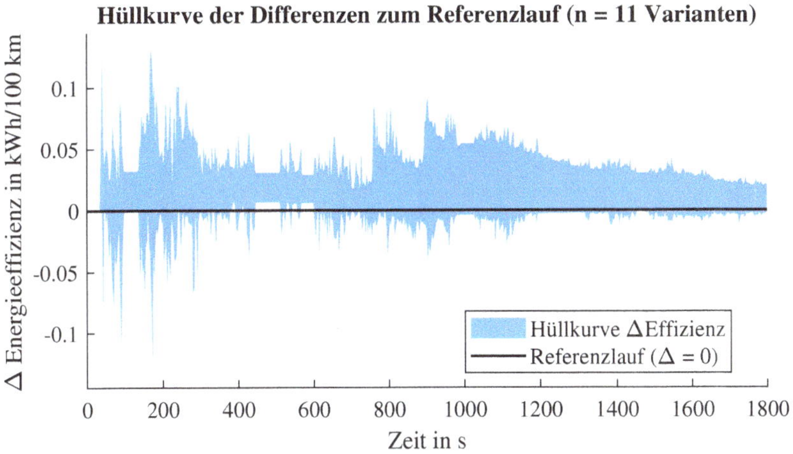


**Abbildung 4.10:** Hüllkurve der Parametervariation des geschwindigkeitsabhängigen Prioritätsfaktors

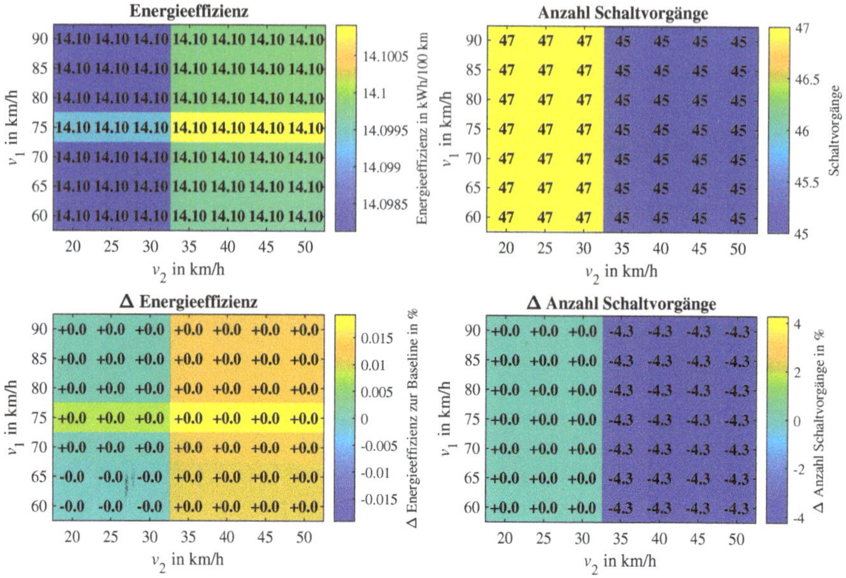


**Abbildung 4.11:** Absolute und relative Energieeffizienz und Anzahl Schaltvorgänge über der Variation der Knickpunkte des geschwindigkeitsabhängigen Prioritätsfaktors

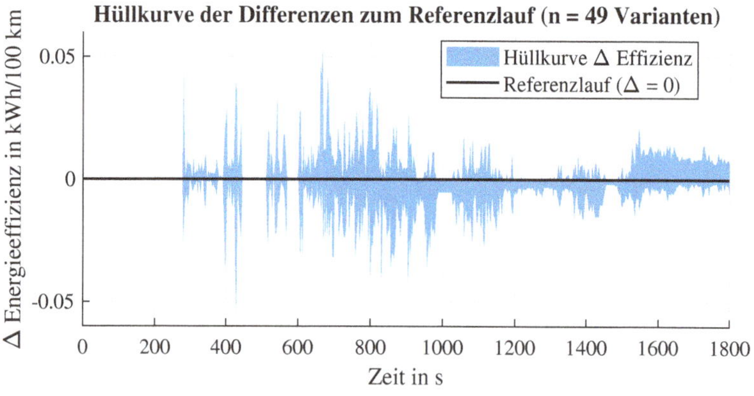


**Abbildung 4.12:** Hüllkurve der Parametervariation der Knickpunkte des geschwindigkeitsabhängigen Prioritätsfaktors

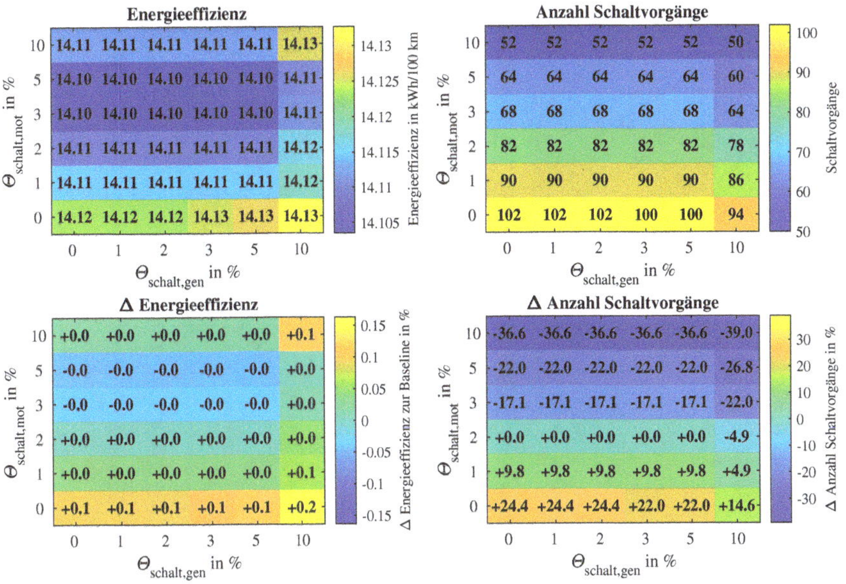


**Abbildung 4.13:** Absolute und relative Energieeffizienz und Anzahl Schaltvorgänge über der Variation der Mindestlasten für Schaltvorgänge

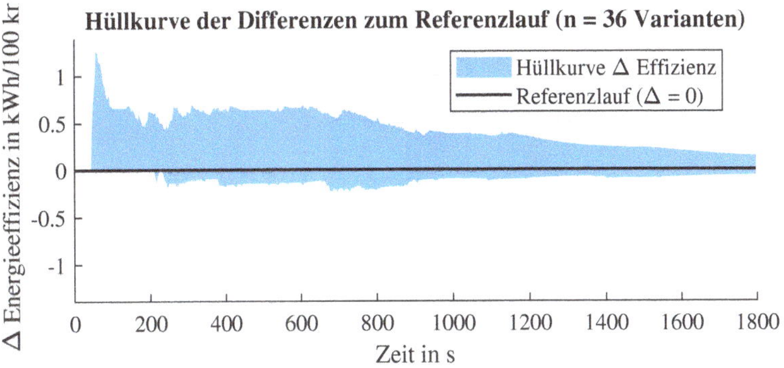


**Abbildung 4.14:** Hüllkurve der Parametervariation der Mindestlasten für Schaltvorgänge

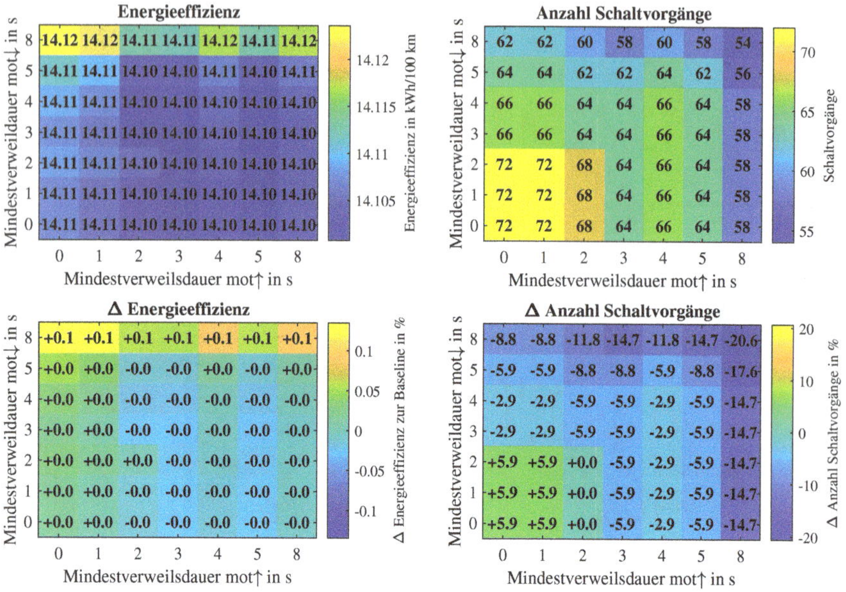


**Abbildung 4.15:** Absolute und relative Energieeffizienz und Anzahl Schaltvorgänge über der Variation der Verweildauern im motorischen Betrieb

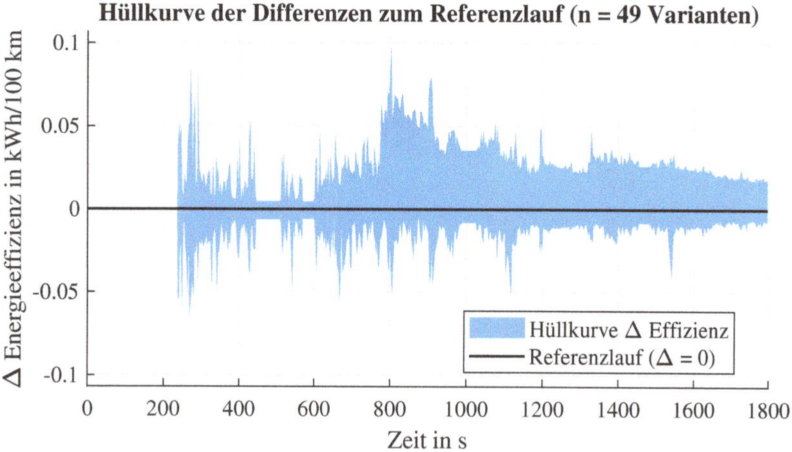


**Abbildung 4.16:** Hüllkurve der Parametervariation der Mindestverweildauern im motorischen Betrieb

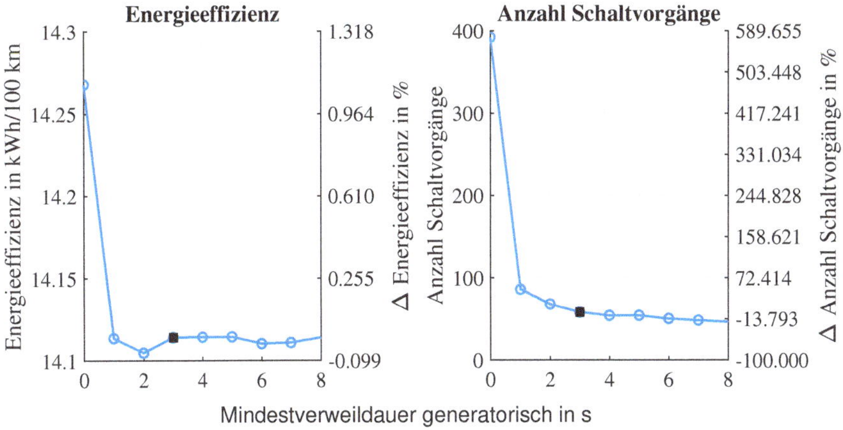


**Abbildung 4.17:** Absolute und relative Energieeffizienz und Anzahl Schaltvorgänge über der Variation der Mindestverweildauer im generatorischen Betrieb

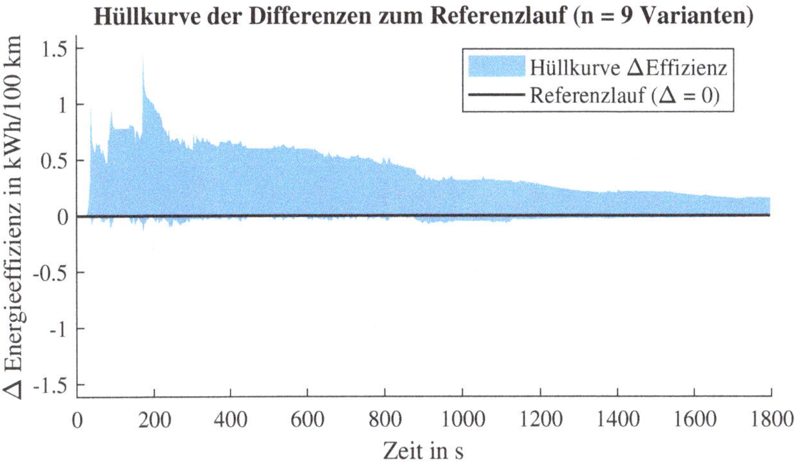


**Abbildung 4.18:** Hüllkurve der Parametervariation der Mindestverweildauern im generatorischen Betrieb

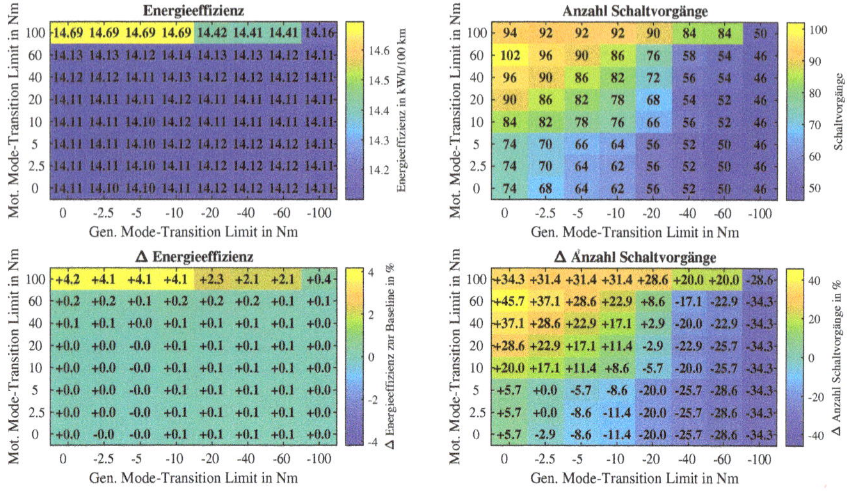


**Abbildung 4.19:** Absolute und relative Energieeffizienz und Anzahl Schaltvorgänge über der Variation der Mode-Transition Limits

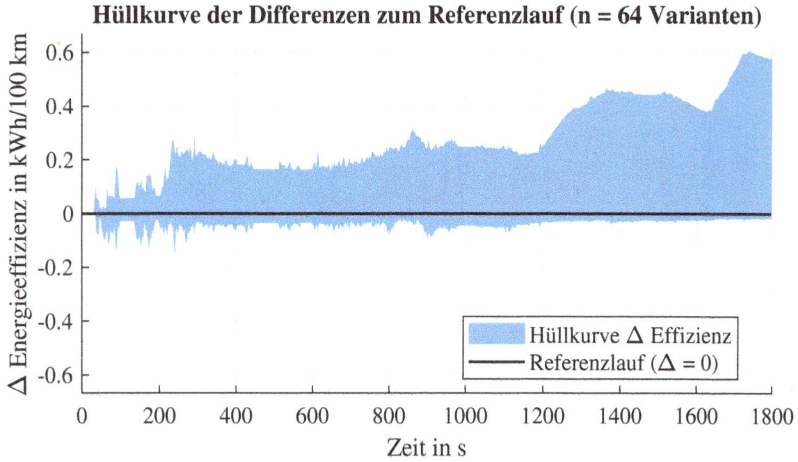


**Abbildung 4.20:** Hüllkurve der Parametervariation der Mode-Transition Limits

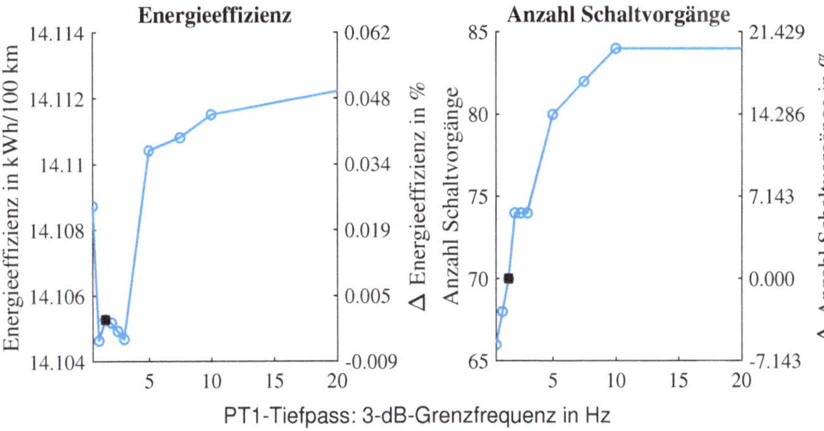


**Abbildung 4.21:** Absolute und relative Energieeffizienz und Anzahl Schaltvorgänge über der Variation der Tiefpass 3-dB-Grenzfrequenz

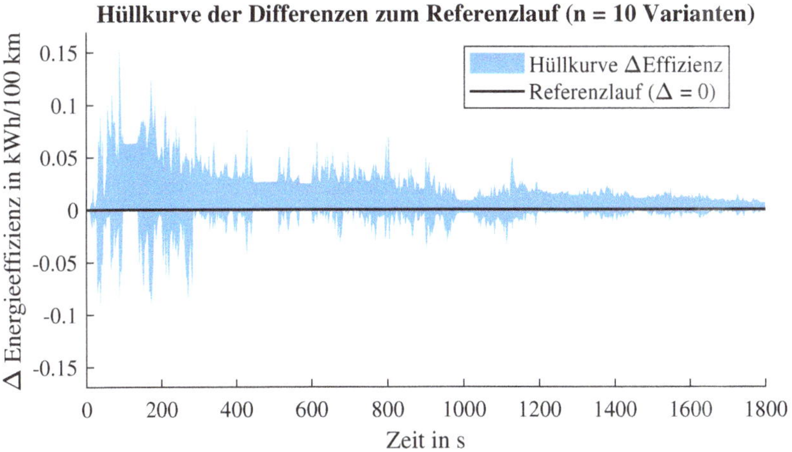


**Abbildung 4.22:** Hüllkurve der Parametervariation der Tiefpass 3-dB-Grenzfrequenz

In Abbildung 4.5 sind die Ergebnisse für die Variation des Schaltkennfelds dargestellt. Die dazugehörige Hüllkurve aller Varianten über der momentanen Energieeffizienz in kWh/100 km ist in Abbildung 4.6 zu sehen. Die Auswahl des initialen Schaltkennfelds erweist sich im WLTC als ausgewogener Kompromiss zwischen

Energieeffizienz und Schaltzahl. Die initialen Schaltkennlinien werden daher für die finale Parametrierung der Betriebsstrategie beibehalten.

In Abbildung 4.7 sind die Ergebnisse für die Variation der Rückschalthysterese dargestellt. Die dazugehörige Hüllkurve aller Varianten über der momentanen Energieeffizienz in kWh/100 km ist in Abbildung 4.8 zu sehen. Für die finale Parametrierung der Betriebsstrategie wird eine Rückschalthysterese von 20 km/h gewählt. Dieser Wert entspricht einem Plateau der Energieeffizienz und Anzahl an Schaltvorgängen und führt laut der Hüllkurve zur besten Energieeffizienz aller Varianten in der ersten Hälfte des WLTC. Eine weitere Erhöhung der Hysterese über 20 km/h führt zum einen zu einer starken Annäherung der 3-2 Schaltlinie an die 1-2 Schaltlinie und zum anderen würde sich die 2-1 Schaltlinie bei niedrigen Lasten nahe an 0 oder in einen negativen Bereich verschieben. Dadurch wird Schaltpendeln begünstigt und eine 2-1 Rückschaltung in vielen Betriebspunken praktisch verhindert, was es zu vermeiden gilt. Dies ist in den Ergebnissen nicht eindeutig sichtbar, jedoch plausibel: Mit steigender Rückschalthysterese überlagern sich die Rückschaltbereiche zunehmend, wodurch bei kurzen Lastwechseln lokale Schaltketten begünstigt werden. Gleichzeitig dämpfen die Glättung der Kennfelder, die Abtastrate sowie die Entprell-Parameter kurzzeitige Pendelvorgänge, sodass sie in den aggregierten Kennwerten kaum erscheinen. Vor diesem Hintergrund stellt eine Rückschalthysterese von 20 km/h einen robusten Kompromiss zwischen Energieeffizienz, Schalthäufigkeit und Fahrbarkeit dar; höhere Werte bieten im betrachteten Betrieb keinen zusätzlichen Nutzen und erhöhen das Risiko unerwünschter Schaltketten.

In Abbildung 4.9 sind die Ergebnisse für die Variation des absteigend gewichteten, geschwindigkeitsabhängigen Priorisierungsfaktors für die Gangwahl im generatorischen Superstate dargestellt. Die dazugehörige Hüllkurve aller Varianten über der momentanen Energieeffizienz in kWh/100 km ist in Abbildung 4.10 zu sehen. Diese Variante stellt ein gutes und eindeutiges Ergebnis dar. Die inverse, geschwindigkeitsabhängige Priorisierung der Gänge im generatorischen Superstate erzielt bei einem Wert von 0.02 ein Minimum für die Energieeffizienz und Anzahl an Schaltvorgängen.

In Abbildung 4.11 sind die Ergebnisse für die Variation der Knickpunkte des geschwindigkeitsabhängigen Prioritätsfaktors nach Gl. 4.7 dargestellt. Die dazugehörige Hüllkurve aller Varianten über der momentanen Energieeffizienz in kWh/100 km ist in Abbildung 4.12 zu sehen. Im untersuchten Parameterraum zeigen Energieeffizienz und Schaltzahl eine sehr geringe Streuung. Eine Erhöhung von $v_1$ von

30 km/h auf 35 km/h reduziert die Anzahl der Schaltvorgänge um zwei, ohne die Energieeffizienz zu beeinträchtigen. Vor diesem Hintergrund werden die finalen Parameter auf $v_1 = 35\,\text{km/h}$ und $v_2 = 70\,\text{km/h}$ festgesetzt.

In Abbildung 4.13 sind die Ergebnisse für die Variation der Mindestlasten für Schaltvorgänge dargestellt. Die dazugehörige Hüllkurve aller Varianten über der momentanen Energieeffizienz in kWh/100 km ist in Abbildung 4.14 zu sehen. Für die finale Parametrierung der Betriebsstrategie werden die Werte auf $\Theta_{\text{schalt,mot}} = 5\,\%$ und $\Theta_{\text{schalt,gen}} = 2\,\%$ festgesetzt. Damit ist eine Entprellung im motorischen und generatorischen Superstate gewährleistet, wobei diese Entprellung Schaltvorgänge im motorischen Superstate stärker hemmt.

In Abbildung 4.15 sind die Ergebnisse für die Variation der Mindestverweildauern zwischen Schaltvorgängen im motorischen Betrieb dargestellt. Die dazugehörige Hüllkurve aller Varianten über der momentanen Energieeffizienz in kWh/100 km ist in Abbildung 4.16 zu sehen. Für die finale Parametrierung der Betriebsstrategie werden die Werte auf $T_{\uparrow} = 3\,\text{s}$ und $T_{\downarrow} = 2\,\text{s}$ festgesetzt, was die Energieeffizienz steigert und die Anzahl an Schaltvorgängen leicht reduziert ohne Dynamikeinbußen mit sich zu bringen.

In Abbildung 4.17 sind die Ergebnisse für die Variation der Mindestverweildauern zwischen Schaltvorgängen im generatorischen Betrieb dargestellt. Die dazugehörige Hüllkurve aller Varianten über der momentanen Energieeffizienz in kWh/100 km ist in Abbildung 4.18 zu sehen. Für die finale Parametrierung der Betriebsstrategie werden die Werte auf $T_{\text{rec}} = 2\,\text{s}$ festgesetzt, was die Energieeffizienz steigert und die Anzahl an Schaltvorgängen leicht reduziert ohne Dynamikeinbußen mit sich zu bringen.

In Abbildung 4.19 sind die Ergebnisse für die Variation der Mode-Transition Grenzen zwischen den Superstates dargestellt. Die dazugehörige Hüllkurve aller Varianten über der momentanen Energieeffizienz in kWh/100 km ist in Abbildung 4.20 zu sehen. Für die finale Parametrierung der Betriebsstrategie werden die Werte auf $MT_{\text{mot}} = 2{,}5\,\text{Nm}$ und $MT_{\text{gen}} = 2{,}5\,\text{Nm}$ festgesetzt. Höhere Mode-Transition Limits führen dazu, dass ein Wechsel vom Zug- in den Schubbetrieb und umgekehrt nicht mehr richtig erkannt wird und der Zustandsautomat in einem der beiden Superstates über längere Zeitabschnitte verweilt, was zu einem Versagen der Betriebsstrategie führt.

In Abbildung 4.21 sind die Ergebnisse für die Variation der 3-dB-Grenzfrequenz zur Signalkonditionierung der Eingangsgrößen des Stateflow-Chart dargestellt. Die dazugehörige Hüllkurve aller Varianten über der momentanen Energieeffizienz in kWh/100 km ist in Abbildung 4.22 zu sehen. Für die finale Parametrierung der Betriebsstrategie werden die Werte auf $f_g = 2{,}5\,\text{Hz}$ festgesetzt. Höhere Grenzfrequenzen führen zu Schaltpendeln und geringere reduzieren die Bandbreite der Eingangssignale so weit, dass in dynamischeren Zyklen als dem WLTC Schaltgelegenheiten eventuell nicht richtig erkannt werden können.

**Vergleichende Fahrleistungsanalyse:** Im Folgenden wird die Eingangskonfiguration mit einstufiger Gesamtübersetzung $i = 9 : 1$ einer dreistufigen Ausführung mit kalibrierter Betriebsstrategie mit einem Übersetzungsverhältnis von $i_1 = 12 : 1$ im 1. Gang gegenübergestellt. Bewertet werden die aus der Längsdynamiksimulation abgeleiteten Kenngrößen Höchstgeschwindigkeit, Beschleunigungszeit von 0-100 km/h sowie die maximale Steigfähigkeit.

In Abbildung 4.23 ist ein simulierter Beschleunigungsvorgang unter Maximalleistungsanforderung über 90 s für beide Varianten dargestellt. Gegenüber dem einstufigen Referenzfall erreicht das Fahrzeug mit der kalibrierten 3-Gang-Betriebsstrategie eine Höchstgeschwindigkeit von 252 km/h (statt 212 km/h). Die Limitierung der Höchstgeschwindigkeit hat sich von einer Übersetzungsgrenze auf eine Leistungsgrenze verlagert und der mögliche Betriebsbereich des Fahrzeugs wurde dadurch vergrößert. Die Beschleunigungszeit von 0–100 km/h beträgt 6,07 s (3-Gang) gegenüber 6,78 s (1-Gang). Dies bestätigen die verbesserten Fahrleistungen sowohl hinsichtlich der Höchstgeschwindigkeit als auch der Beschleunigungsdynamik.

Für die Abschätzung der maximal überwindbaren Steigung wird die Hanggleichgewichtsbedingung nach Gl. 4.10 verwendet. Aerodynamische Anteile werden hierfür vernachlässigt.

$$\frac{M_{\text{Rad}}}{r_{\text{Rad}}} = m \cdot g\left(\sin\theta + C_r \cdot \cos\theta\right) \qquad \text{Gl. 4.10}$$

Mit den in Tabelle 3.2 aufgelisteten Parametern ergibt sich für den maximalen Steigungswinkel $\theta$ bzw. die Steigung $s$ in Prozent:

- $\boldsymbol{M_{\text{Rad}}} = 3600\,\text{Nm}$: $F_{\text{Rad}} = 10{,}59\,\text{kN} \Rightarrow \theta \approx 31{,}8°$, $s \approx \mathbf{62,0}\,\%$
- $\boldsymbol{M_{\text{Rad}}} = 4800\,\text{Nm}$: $F_{\text{Rad}} = 14{,}12\,\text{kN} \Rightarrow \theta \approx 45{,}2°$, $s \approx \mathbf{100,5}\,\%$

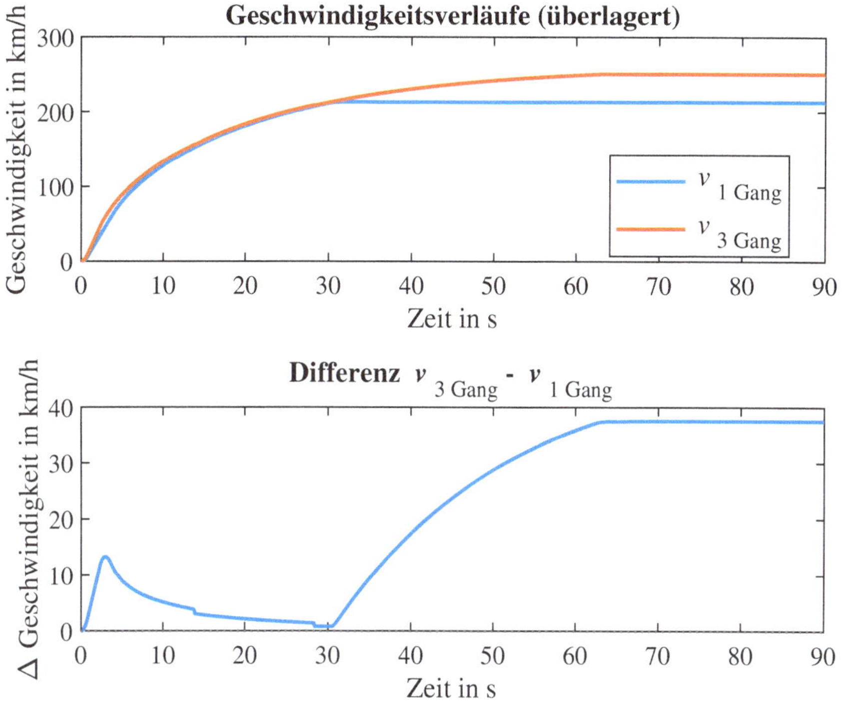


**Abbildung 4.23:** Vergleich des Geschwindigkeitsverlaufs über der Zeit bei Maximalleistungsanforderung

Praktisch wird die Steigfähigkeit durch die verfügbare Traktion begrenzt: Bei trockener Fahrbahn mit einem Reibungskoeffizienten von $\mu \approx 0,9$ gilt für Steigungen nahe 100 % näherungsweise $\tan\theta \leq \mu - C_r$. Daraus folgt eine maximale Steigfähigkeit von $\theta \approx 41{,}5^\circ$ bzw. $s \approx 88{,}5\,\%$ für den zweiten Fall. Damit ist der Fall 3600 Nm drehmomentbegrenzt, während der Fall 4800 Nm hingegen traktionsbegrenzt ist. Auch hierdurch findet sich eine Erweiterung des möglichen Betriebsbereichs des Fahrzeugs durch die Verwendung eines mehrstufigen Getriebes.

# 5 Schlussfolgerung

Mit den in Kapitel 4.4 dargestellten Ergebnissen ist die Parameterstudie für den in Tabelle 4.1 definierten Parameterraum abgeschlossen. In Tabelle 5.1 ist der final ermittelte Parametersatz dargestellt. Dabei wird nicht immer der verbrauchsgünstigste Parameter gewählt, sondern ein bewusster Kompromiss aus Energieeffizienz, Anzahl der Schaltvorgänge und Schaltdynamik gewählt. Unter Schaltdynamik wird in dieser Arbeit verstanden, dass zeitliche Sperren möglichst klein gehalten und durch zustandsbasierte Guard-Bedingungen mit geeigneter Kalibrierung ersetzt werden. Schaltentscheidungen sollen damit ausschließlich aus den aktuellen Fahr- und Antriebszuständen resultieren, valide Schaltgelegenheiten nicht opportunitätsblind unterdrückt werden und die Reaktionsfähigkeit hoch bleiben. So wird die erwartete Fahrdynamik des Fahrers erfüllt, ohne dass sich das Fahrzeug träge anfühlt und ohne die Schalthäufigkeit unnötig zu erhöhen.

**Tabelle 5.1:** Startwerte und finale Parameter der Betriebsstrategie

| Parameter | Startwert | Finaler Wert |
|---|---:|---:|
| $\Delta v_{shift}$ je Gang | 0 km/h | 0 km/h |
| Rückschalthysterese | 10 km/h | 20 km/h |
| $p_{prio}(v)$ | 0,03; 0,02; 0,01 | 0,06; 0,04; 0,02 |
| $v_1$ in km/h | 30 km/h | 35 km/h |
| $v_2$ in km/h | 70 km/h | 70 km/h |
| $\Theta_{schalt,mot}$ | 2 % | 5 % |
| $\Theta_{schalt,gen}$ | 2 % | 2 % |
| $t_{dwell,up}$ | 2 s | 3 s |
| $t_{dwell,down}$ | 2 s | 2 s |
| $t_{dwell,rec}$ | 3 s | 2 s |
| $MT_{mot}$ | 2 Nm | 2,5 Nm |
| $MT_{gen}$ | −2 Nm | −2,5 Nm |
| $f_g$ Tiefpass | 1 Hz | 2,5 Hz |

Der gewählte Parametersatz erreicht über alle betrachteten Zyklen eine robuste Energieeffizienz bei moderater Anzahl an Schaltvorgängen und hoher Dynamik. Auf dieser Basis erfolgt im anschließenden Kapitel die Interpretation der Resultate sowie die Bewertung der Robustheit gegenüber Randbedingungen.


M. Jaksch, *Betriebsstrategien für batterieelektrische Personenkraftwagen mit mehrstufigen Getrieben*, Wissenschaftliche Reihe Fahrzeugtechnik Universität Stuttgart, https://doi.org/10.1007/978-3-658-52610-8_5

## 5.1 Interpretation der Ergebnisse

Im Folgenden werden die Ergebnisse der Parameterstudie und damit die Applikation der Betriebsstrategie eingeordnet und interpretiert. Zudem werden die Fahrleistungssteigerungen eingeordnet und eine überschlägige Kostenabschätzung gegeben. Zur Quantifizierung der Sensitivität der Parameter der Betriebsstrategie auf die Anzahl an Schaltvorgängen und Energieeffizienz werden Tornado-Diagramme verwendet, die Parameter nach abnehmender Sensitivität ordnen und ihre Beiträge zur Ergebnisvariation sichtbar machen. Die daraus abgeleiteten Effekte werden anschließend diskutiert. Darüber hinaus wird ein Vergleich zwischen der Energieeffizienz im fixierten besten Gang für die in Kapitel 3.2.1 ausgewählten Fahrzyklen durchgeführt und im vollständigen WLTC vier Referenzfälle gegenübergestellt:

(1) Fixiert im besten Gang (keine Schaltvorgänge)

(2) Wie (1), jedoch ohne Rekuperation (rein mechanische Bremse)

(3) Kalibrierung mit den besten Parametern gemäß Parameterstudie

(4) Wie (3), jedoch ohne Rekuperation (rein mechanische Bremse)

Diese Abfolge trennt den Einfluss der Rekuperation vom Effekt der Parameterkalibrierung und erlaubt eine konsistente Bewertung. Zudem kann der Einfluss der Betriebsstrategie in den motorischen und generatorischen Superstates isoliert betrachtet werden.

Die Sensitivität aller Parameter der Betriebsstrategie hinsichtlich elektrischer Energieeffizienz und Anzahl der Schaltvorgänge im WLTC ist in Abbildung 5.1 dargestellt. Bezugspunkt ist der in Tabelle 5.1 angegebene initiale Parametersatz. Über alle Variationen hinweg zeigt sich, dass die relative Wirkung auf die Anzahl der Schaltvorgänge durchweg stärker ausfällt als auf die elektrische Energieeffizienz. Parameter mit kleiner Sensitivität sollten nicht vorschnell als entbehrlich eingestuft werden. So führt die Variation des Knickpunkts des inversen, geschwindigkeitsabhängigen Prioritätsfaktors zwar nur zu geringen Änderungen in den Metriken, die Einführung der Geschwindigkeitsabhängigkeit selbst verbessert die Betriebsstrategie jedoch gegenüber einem statischen Prioritätsfaktor, vgl. Anhang B.5. Als Ausreißer tritt die generatorische Mindestverweildauer hervor. Die Gangwahl im Rekuperationsbetrieb ist weniger strikt durch Schaltkennlinien determiniert als im Zugbetrieb. Um Schaltpendeln zu vermeiden und dennoch eine ausreichende

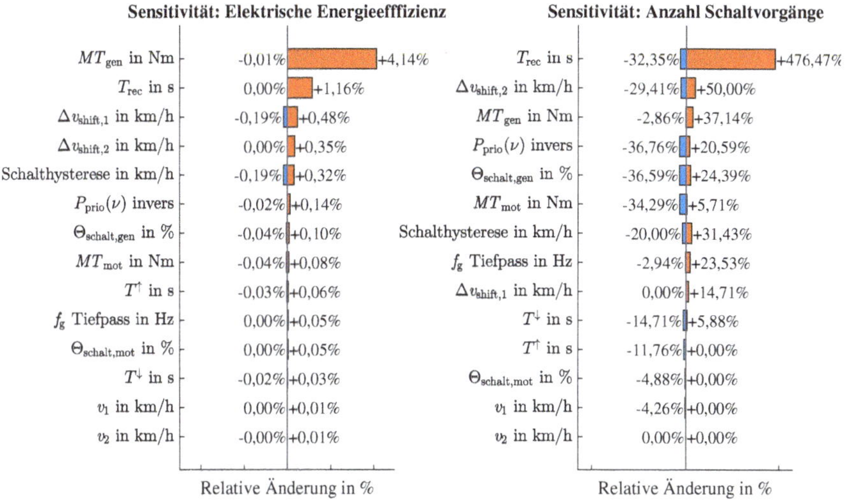


**Abbildung 5.1:** Tornado-Diagramme: Relative Änderung der elektrischen Energieeffizienz und der Schaltvorgänge gegenüber dem Referenz-Parametersatz aus Tabelle 5.1

Dynamik sicherzustellen, sind zusätzliche dämpfende Mechanismen und klare Priorisierungen erforderlich. Die Mindestlast zeigt in der Sensitivitätsanalyse keine ausgeprägte Wirkung auf die betrachteten Zielgrößen. Sie erfüllt dennoch eine wichtige Filterfunktion: Schaltvorgänge in Lastbereichen mit geringem Nutzen werden unterbunden, wodurch Komforteinbußen, Verschleiß und Wandlungsverluste reduziert werden. In Summe bestätigt die Analyse die Robustheit des finalen Parametersatzes und verdeutlicht, an welchen Stellen die Strategie primär über die Anzahl an Schaltvorgängen und sekundär über die Effizienz beeinflusst wird.

In Tabelle 5.2 sind die Ergebnisse für die in Kapitel 3.2.1 ausgewählten Fahrzyklen dargestellt. Verglichen wird die elektrische Energieeffizienz sowohl im jeweils günstigsten festen Gang als auch unter Anwendung der entwickelten Betriebsstrategie. Es zeigt sich, dass die Betriebsstrategie in allen betrachteten Zyklen konsistent eine geringere Energieaufnahme erzielt und damit selbst die optimale Ein-Gang-Übersetzung übertrifft.

**Tabelle 5.2:** Elektrische Energieeffizienz je Fahrzyklus: Bester Gang im Vergleich mit Betriebsstrategie

| Fahrzyklus | $E_{1\text{Gang}}$ in kWh/100 km | $E_{3\text{Gang}}$ in kWh/100 km | Differenz |
|---|---|---|---|
| WLTC | 14,68 | 14,12 | -3,81 % |
| NEFZ | 12,72 | 12,44 | -2,21 % |
| HWFET | 14,28 | 13,85 | -3,04 % |
| US06 | 17,69 | 17,36 | -1,83 % |
| ARTEMIS | 20,61 | 20,13 | -2,32 % |
| FTP75 | 12,39 | 11,42 | -7,93 % |

Für die Referenzfälle (1) bis (4) ergibt sich folgendes:

**(1):** 14,68 kWh/100 km. Dieses Ergebnis stellt die Referenz in Bezug Energieeffizienz dar, gegen welches die Betriebsstrategie getestet wird.

**(2):** 19,26 kWh/100 km, 32 % Mehrverbrauch ohne Rekuperation gegenüber (1).

**(3):** 14,12 kWh/100 km, 3,8 % geringerer Verbrauch als (1). Die kalibrierte mehrstufige Betriebsstrategie senkt den Energiebedarf gegenüber der Referenz, trotz pauschaler Schaltpenalisierung $E_{\text{schalt}}$. Damit ist gezeigt, dass die Einsparung aus einer vorteilhafter Gangwahl, bestimmt durch die Betriebsstrategie, resultiert.

**(4):** 18,78 kWh/100 km, 33 % Mehrverbrauch ohne Rekuperation gegenüber (3), 2,5 % geringerer Verbrauch als (2). Diese Verbesserung ist rein auf den motorischen Anteil der Betriebsstrategie zurückzuführen und dadurch ist belegt, dass der Strategieeffekt unabhängig von rekuperativen Anteilen zu einer Verbesserung führt.

Damit bestätigt sich, dass die Betriebsstrategie im Zugbetrieb zu einer gezielten Gangwahl nahe den Wirkungsgradmaxima führt und somit Verluste reduziert. Im Schubbetrieb findet die Gangwahl mit klaren Priorisierungen statt, womit die Rekuperationsquote erhöht und ein Schaltpendeln verhindert wird. Insgesamt steigt die Effizienz, da günstigere Lastpunkte genutzt, mehr Energie zurückgewonnen und unnötige Schaltvorgänge vermieden werden.

Zudem wird ein eigenes, mit einem On-Board-Diagnose (OBD)-Datenlogger aufgezeichnetes Geschwindigkeits-Zeit-Profil mit einer Abtastrate von 1 Hz als Sollspur in die Fahrzeugsimulation gegeben, diese durchläuft anschließend die in Kapitel 5.1 definierten Referenzfälle. Das Profil enthält Messdaten einer Fahrt von der Esso-

Tankstelle in Fürfeld (PLZ 74906) über die Autobahn A81 in ein Wohngebiet in Stuttgart-Vaihingen (PLZ 70569). Es beinhaltet Autobahnabschnitte mit teilweise unbegrenzter Geschwindigkeit und Stausituationen, Anteile einer Überlandfahrt sowie einer innerstädtischen Fahrt. Da es sich um einen real aufgezeichneten Fahrzyklus handelt, lassen sich die Ergebnisse der synthetischen Zyklen aus Kapitel 4.4 auf einen praktischen Einsatzfall übertragen. Die betrachteten Fahrzustände decken ein breites Spektrum realer Betriebspunkte ab und gehen über die Anregungen des WLTC hinaus. Insgesamt bestätigt die Anwendung auf den realen Fahrdatenzyklus die Übertragbarkeit der entwickelten Betriebsstrategie und liefert belastbare Hinweise für eine Serienapplikation. Der Fahrzyklus ist in Anhang B.6 dargestellt und wird im Folgenden „Fürfeld-Stuttgart" Zyklus genannt.

Abschließend wird der optimierte Betriebspunktraum analysiert.

**Tabelle 5.3:** Elektrische Energieeffizienz je Fahrzyklus: Beste Übersetzung im Vergleich mit Betriebsstrategie

| Fahrzyklus | $E_{\text{iBest}}$ in kWh/100 km | $E_{\text{3Gang}}$ in kWh/100 km | Differenz |
|---|---|---|---|
| WLTC | 14,44 | 14,12 | -2,22 % |
| NEFZ | 12,56 | 12,44 | -0,96 % |
| HWFET | 14,13 | 13,85 | -1,98 % |
| US06 | 17,39 | 17,36 | -0,17 % |
| ARTEMIS | 20,45 | 20,13 | -1,56 % |
| FTP75 | 11,96 | 11,42 | -4,52 % |

In Tabelle 5.3 sind die Ergebnisse für die in Kapitel 3.2.1 ausgewählten Fahrzyklen dargestellt. Verglichen wird die elektrische Energieeffizienz sowohl mit der jeweils verbrauchsgünstigsten Übersetzung in jedem Zyklus des gesamten in Kapitel 3.3.2 betrachteten Übersetzungsbereichs als auch unter Anwendung der entwickelten Betriebsstrategie. Es zeigt sich, dass die Betriebsstrategie in allen betrachteten Zyklen konsistent eine geringere Energieaufnahme erzielt und damit selbst die verbrauchsgünstigste Ein-Gang-Übersetzung übertrifft.

Für die Referenzfälle (1) bis (4) ergibt sich im Fürfeld-Stuttgart Zyklus folgendes:

**(1):** 19,96 kWh/100 km. Dieses Ergebnis stellt die Referenz in Bezug Energieeffizienz dar, gegen welches die Betriebsstrategie getestet wird.

**(2):** 24,15 kWh/100 km, 21 % Mehrverbrauch ohne Rekuperation gegenüber (1).

**(3):** 19,53 kWh/100 km, 2,2 % geringerer Verbrauch als (1). Die kalibrierte mehrstufige Betriebsstrategie senkt den Energiebedarf gegenüber der Referenz, trotz pauschaler Schaltpenalisierung $E_{\text{schalt}}$. Damit ist gezeigt, dass die Einsparung aus einer vorteilhafter Gangwahl, bestimmt durch die Betriebsstrategie, resultiert.

**(4):** 23,67 kWh/100 km, 21 % Mehrverbrauch ohne Rekuperation gegenüber (3), 2 % geringerer Verbrauch als (2).

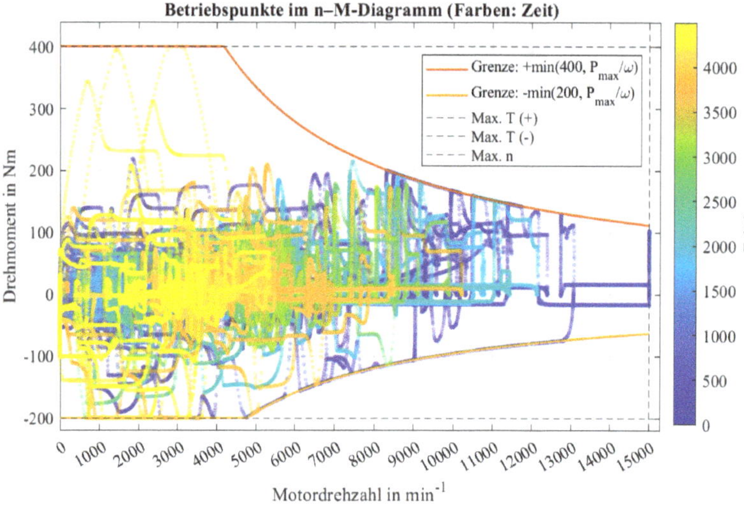


**Abbildung 5.2:** Scatterplot: Betriebspunkte im Fürfeld-Stuttgart Zyklus unter Verwendung der Betriebsstrategie

Die Ergebnisse zeigen, dass die Betriebsstrategie auch in realitätsnahen Fahrzyklen, deren Betriebspunkte über die des WLTC hinausgehen, eine Verbesserung der Energieeffizienz hervorbringt. In Abbildung 5.2 sind die unter Anwendung der kalibrierten Betriebsstrategie auftretenden Betriebspunkte mit den maximal auftretenden Motordrehmomenten und Motordrehzahlen dargestellt.

Die Schaltentscheidungen der Betriebsstrategie wirken im gesamten möglichen Betriebspunktraum der EM, da die Kostenfunktion zur Erstellung der Schaltlinien im motorischen Fahrzustand über die komplette Matrix aus möglichen Fahrzeuggeschwindigkeiten und Raddrehmomenten für jeden Gang bestimmt wurde. Im Schubbetrieb bezieht der Beobachter zur Ermittlung der Gesamteffizienz des Antriebsstrangs in allen virtuell mitgerechneten verfügbaren Gängen alle möglichen Betriebspunkte der EM mit ein. Die überlagerten Funktionen, welche in der Parameterstudie in Kapitel 4.4 heuristisch optimiert wurden wirken ebenfalls auf den gesamten möglichen Betriebspunktraum der EM, sind aber ausschließlich für die für das Fahrzeug im WLTC auftretenden Betriebspunkte optimiert.

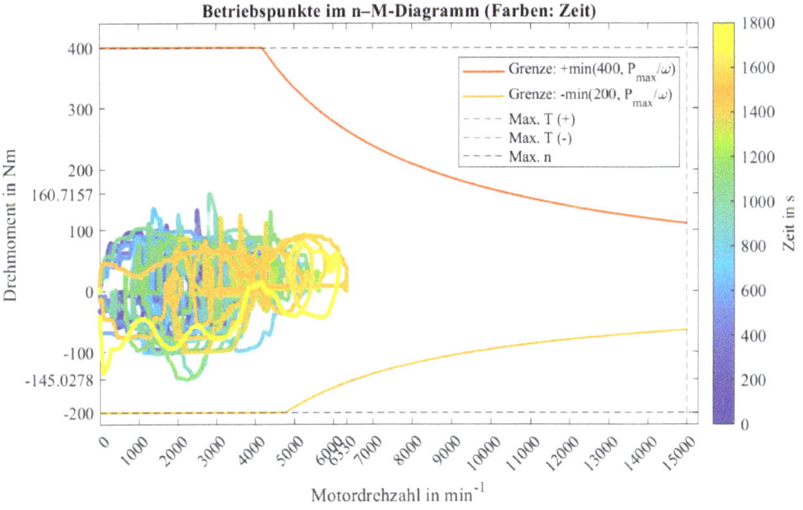


**Abbildung 5.3:** Scatterplot: Betriebspunkte im WLTC unter Verwendung der Betriebsstrategie

Die im WLTC unter Anwendung der kalibrierten Betriebsstrategie auftretenden Betriebspunkte sind in Abbildung 5.3 mit den maximal auftretenden Motordrehmomenten und Motordrehzahlen dargestellt. Da der WLTC ein realitätsnahes Fahrprofil darstellt, reicht dies für die meisten Fahrsituation aus, um ein gutes und übertragbares Ergebnis zu erhalten.

Die vergleichende Fahrleistungsanalyse zeigt, dass die kalibrierte Betriebsstrategie für mehrstufige BEV gegenüber der einstufigen Referenz sowohl die erreichbare Endgeschwindigkeit als auch die Beschleunigungsdynamik verbessert. Die Abschätzung der Steigfähigkeit anhand der Hanggleichgewichtsbedingung macht zugleich deutlich, dass Strategievorteile im realen Betrieb durch Traktionsgrenzen limitiert sein können. Während kürzer ausgelegte Übersetzungsstufen das nutzbare Radzugmoment vergrößern, bleibt die maximal fahrbare Steigung letztlich vom Reibwert und den Rollwiderständen determiniert. Die Aussagekraft der Ergebnisse stützt sich auf eine validierte Gesamtfahrzeugsimulation mit guter Übereinstimmung zu Prüfstandsmessdaten (Drehzahl, Drehmoment, Leistung) sowie auf eine systematische Parametrierung mit Sensitivitätsanalyse, welche Robustheit und Zielkonflikte transparent macht. Zudem wird das für Alltagsfahrzeuge relevante Elastizitätsverhalten adressiert, womit die Vorteile nicht auf Extremszenarien beschränkt sind.

Es folgt eine überschlägige Kostenabschätzung. Unter der Annahme, dass durch die Betriebsstrategie 4 % Batteriekapazität eingespart werden können, reduziert sich die nötige Kapazität eines 60 kWh-Pack für eine identische Reichweite um 2,4 kWh. Bei angenommenen Packkosten von 150 €/kWh (vgl. Tabelle 3.1) entspricht dies einer unmittelbaren Einsparung von

$$60\,\text{kWh} \cdot 4\% = 2{,}4\,\text{kWh}$$
$$2{,}4\,\text{kWh} \cdot \frac{150\,€}{\text{kWh}} \approx 360\,€$$

Dem gegenüber steht ein Mehrpreis für das Mehrganggetriebe inklusive Aktuatorik und Integration, welcher die Einsparung je nach Auslegung teilweise oder vollständig kompensieren kann. Reichweite und Fahrzeugmasse bleiben in der bilanzierten Konfiguration näherungsweise konstant:

$$\begin{aligned} E_{\text{einspar}} &= 2{,}4\,\text{kWh} = 2400\,\text{Wh} \\ \rho_E &= 375\,\text{Wh/kg} \\ \Delta m &= \frac{E_{\text{einspar}}}{\rho_E} = \frac{2400\,\text{Wh}}{375\,\text{Wh/kg}} = 6{,}4\,\text{kg}. \end{aligned}$$

Damit ergeben sich voraussichtlich leicht höhere Systemkosten, denen jedoch verbesserte Fahrleistungen und geringere laufende Kosten durch niedrigere Energiemenge pro Ladevorgang gegenüberstehen. Liegt der Getriebemehrpreis unter 360 €, fällt auch die Anschaffungskostenbilanz positiv aus.

# 6 Zusammenfassung

In dieser Arbeit wird die Forschungsfrage beantwortet, ob ein Mehrganggetriebe in Kombination mit einer zustandsbasierten Betriebsstrategie ohne Streckenkenntnis die Effizienz und die Fahrleistungen eines BEV gegenüber einer 1-Gang-Referenz steigern kann. Dazu wird im motorischen Betrieb die Gangwahl als Minimierung einer arbeitspunktbezogenen Kostenfunktion des spezifischen Energieverbrauchs je Gang festgelegt, welche die momentane Last- und Drehzahlsituation abbildet. Filter, Hysterese und Mindestverweilzeiten verhindern Schaltpendeln und sichern die Stabilität der Wahl. Im generatorischen Betrieb sorgt eine gegenüber der Literatur modifizierte Gangpriorisierung durch Effizienzmaximierung mit einem Beobachter für die Wahl des rekuperationsgünstigsten Gangs. Plausibilitätsprüfungen der Betriebsgrenzen, Mode-Transition-Grenzen und ein Failsafe schützen die Zustandslogik. Die Umsetzung als Mealy-Automat in Stateflow mit separaten Superstates für den motorischen und generatorischen Betrieb trennt Zustandslogik und Nebenbedingungen und erlaubt eine robuste Kalibrierung.

Die Simulationsumgebung wird anhand von Prüfstandsmessdaten des WLTC nach gängigen Bewertungsmaßstäben validiert und weist dabei geringe Fehlermetriken sowie hohe Korrelationswerte auf. Die anschließende Parameterstudie führt zu einem ausgewogenen Kalibriersatz, der Effizienz, Anzahl an Schaltvorgängen und Fahrzeugdynamik gemeinsam optimiert. In allen betrachteten Fahrzyklen steigt die elektrische Energieeffizienz gegenüber dem jeweils besten festen Gang sowie dem Gang mit dem Übersetzungsoptimum für den jeweils betrachteten Fahrzyklus, zugleich verbessern sich Höchstgeschwindigkeit, Beschleunigung von 0 auf 100 km/h und die maximale Steigfähigkeit. Die Kalibrierregeln erweisen sich als über Zyklen hinweg übertragbar und sind durch Hüllkurven-Analysen abgesichert. Thermische Effekte liegen außerhalb des Untersuchungsumfangs und sind für Dauerlast-Szenarien in nachgelagerten Hardware-Validierungen gesondert zu berücksichtigen.


M. Jaksch, *Betriebsstrategien für batterieelektrische Personenkraftwagen mit mehrstufigen Getrieben*, Wissenschaftliche Reihe Fahrzeugtechnik Universität Stuttgart, https://doi.org/10.1007/978-3-658-52610-8_6

## 6.1 Generalisierung

Zur Generalisierung werden die in Kapitel 3.2.1 vorgestellten Fahrzyklen herangezogen. Für jeden Zyklus wird das Ergebnis der mehrstufigen Betriebsstrategie der Übersetzungsvariante mit dem niedrigsten Energieverbrauch gegenübergestellt (vgl. Kapitel 5.1).

Die Ergebnisse aus Kapitel 5.1 zeigen, dass die entwickelte Betriebsstrategie in allen betrachteten Fahrzyklen einen geringeren Energieverbrauch erreicht als die jeweils verbrauchsgünstigste feste Übersetzung.

Der zusätzlich betrachtete Fürfeld-Stuttgart-Zyklus bestätigt diese Einordnung für ein real aufgezeichnetes Fahrprofil. Obwohl dessen Betriebspunkte nicht explizit Gegenstand der heuristischen Parameteroptimierung waren, ergibt sich auch dort eine Reduktion des Energiebedarfs von 2,2 % gegenüber der Referenz. Damit wird gezeigt, dass die im WLTC kalibrierte Betriebsstrategie auf abweichende reale Fahrzustände übertragbar ist und die Optimierung nicht ausschließlich auf den Kalibrierzyklus beschränkt bleibt.

Zusammenfassend ist eine Generalisierung gegeben, da bei der beschriebenen Methode in der Auslegung der Schaltpunkte der gesamten möglichen Betriebspunktraum der EM im motorischen als auch generatorischen Betrieb betrachtet wird. Lediglich die Optimierung findet in einer Teilmenge des möglichen Betriebspunktraums statt, erzeugt aber trotzdem positive Ergebnisse für Betriebspunkte, die nicht explizit Teil der heuristischen Parameteroptimierung sind. Die Methode ist zudem nicht an die Ganganzahl oder Fahrzeugkonfiguration gebunden und kann angewandt werden, wenn die Voraussetzungen dafür gegeben sind:

(1) eine gegen Prüfstandsmessungen validierte Fahrzeugsimulation

(2) Verlustkennfelder des Antriebsstrangs

## 6.2 Ausblick

Die vorliegende Arbeit adressiert die wichtigsten Hebel in Bezug auf Effizienz- und Fahrleistungssteigerungen einer Betriebsstrategie für batterieelektrische Personenkraftwagen mit mehrstufigen Getrieben mit nachvollziehbaren Kalibrierregeln. Die Parameterstudien zeigen konsistente Einsparungen im einstelligen Prozentbereich über verschiedene Zyklen und bestätigen die Robustheit des finalen Parametersatzes. Für weitere Verbesserungen sind fortgeschrittene Verfahren erforderlich, etwa eine prädiktive Gangwahl auf Basis von Strecken- oder Umfeldinformationen sowie eine modellbasierte oder datengetriebene Optimierung der Schaltlogik. Solche Ansätze sind im Stand der Technik beschrieben und lassen sich auf die hier entwickelte Methodik aufsetzen. Die Fahrleistungen werden durch höhere Radzugmomente und kürzere 0-100 km/h-Zeiten im untersten Gängen gesteigert, während der lange obere Gang die Höchstgeschwindigkeit gegenüber Eingangmodellen erhöht.

Eine breiter angelegte Parameterstudie wird voraussichtlich eine größere Varianz über Fahrzyklen und Zielgrößen sichtbar machen und damit klar definierte Zielgrößen sowie Nebenbedingungen erforderlich machen. Der heuristisch abgeleitete Parametersatz bleibt ein belastbarer Ausgangspunkt, kann jedoch durch eine kompakte, multikriterielle Optimierung ergänzt werden. Dazu bietet sich ein stufenweises Vorgehen an: Statistische Versuchsplanung mit raumfüllenden Versuchsplänen und varianzbasierter Sensitivitätsanalyse zur Reduktion der Dimensionalität, gezielte Suche in den wirksamen Parametern bis zur Stabilisierung der Kennzahlen, abschließend eine Feineinstellung unter Fahrbarkeits- und thermischen Restriktionen. Das Ergebnis ist eine handhabbare Pareto-Front aus Effizienz, Schaltzahl und Performance, aus der je nach Applikationsziel ein geeigneter Kompromiss ausgewählt werden kann.

Für eine Validierung im Hinblick auf einen seriennahen oder gar Serieneinsatz ist die Erprobung auf realer Hardware unerlässlich. Hierbei bietet sich zunächst ein HiL-Prüfstandsaufbau an, um Schaltvorgänge, thermische Größen und Rekuperationsanteile unter reproduzierbaren Bedingungen zu bewerten. Darauf aufbauend folgt der Fahrversuch unter variierenden Umgebungsbedingungen. Das in Stateflow implementierte Konzept ist echtzeitfähig und damit bereits in dieser Form für eine solche Erprobung geeignet. Die in der Literatur etablierte HiL-Kette sowie die anschließende fahrversuchsbasierte Feinabstimmung gewährleisten dabei die notwendige Robustheitsabsicherung.

# Literaturverzeichnis

[1] Aisin Seiki, Kariya: FWD 8-speed Automatic Transmission. 2006. – URL https://www.aisin.com/en/product/mobility/ats-cvts-mts/. – Zugriff: 17.07.2025

[2] Albatayneh, A. ; Assaf, M. N. ; Alterman, D. ; Jaradat, M.: Comparison of the Overall Energy Efficiency for Internal Combustion Engine Vehicles and Electric Vehicles. In: *Environmental and Climate Technologies* 24 (2020), Januar, Nr. 1, S. 669–680. – ISSN 2255-8837

[3] Albatlan, S. ; Abu, A.: Effect of hydraulic brake pipe inner diameter on vehicle dynamics. In: *International Journal of Automotive Technology* 16 (2015), April, Nr. 231

[4] Allgemeiner Deutsche Automobil-Club e. V. (ADAC): Elektroautos im Test: So hoch ist die Reichweite wirklich. August 2024. – URL https://www.adac.de/rund-ums-fahrzeug/elektromobilitaet/elektroauto/stromverbrauch-elektroautos-adac-test/. – Zugriff: 14.01.2025

[5] André, Michel: The ARTEMIS European driving cycles for measuring car pollutant emissions. In: *Science of The Total Environment* 334–335 (2004), Dezember, S. 73–84. – ISSN 0048-9697

[6] Anghelache, G. ; Moisescu, R.: The measurement of dynamic radii for passenger car tyre. In: *IOP Conference Series: Materials Science and Engineering* 252 (2017), Oktober. – Art. Nr. 012014. – ISSN 1757-899X

[7] Aono, T. ; Kowatari, T.: Throttle-control algorithm for improving engine response based on air-intake model and throttle-response model. In: *IEEE Transactions on Industrial Electronics* 53 (2006), Juni, Nr. 3, S. 915–921. – ISSN 0278-0046

[8] Białoń, T. ; Niestrój, R. ; Skarka, W. ; Korski, W.: HPPC Test Methodology Using LFP Battery Cell Identification Tests as an Example. In: *Energies* 16 (2023), August, Nr. 17. – Art. Nr. 6239. – ISSN 1996-1073


M. Jaksch, *Betriebsstrategien für batterieelektrische Personenkraftwagen mit mehrstufigen Getrieben*, Wissenschaftliche Reihe Fahrzeugtechnik Universität Stuttgart, https://doi.org/10.1007/978-3-658-52610-8

[9] BMW AG: Der BMW i3. 2013. – URL `https://www.bmw.de/de/neufahrzeuge/bmw-i/i3/2021/bmw-i3-ueberblick.html`. – Zugriff: 18.07.2025

[10] BMW AG: Der neue BMW 3er Plug-In Hybrid. 2022. – URL `https://www.bmw.de/de/all-models/3-series/3-series-sedan/3-series-sedan-2024-g20-lci-phev.html`. – Zugriff: 18.07.2025

[11] Breuer, B. (Hrsg.) ; Bill, K. H. (Hrsg.): Bremsenhandbuch: Grundlagen, Komponenten, Systeme, Fahrdynamik. Springer Fachmedien Wiesbaden, 2017. – ISBN 978-3-658-15489-9

[12] Burch, I. ; Gilchrist, J.: Survey of Global Activity to Phase Out Internal Combustion Engine Vehicles / The Climate Center. März 2020. – Forschungsbericht

[13] Börger, Alexander ; Wenzl, Heinz (Hrsg.): Batterien: Grundlagen, Systeme, Anwendungen. Weinheim : Wiley-VCH, 2023. – ISBN 978-3-527-33883-2

[14] Casey, Robert: The model T: A centennial history. Baltimore, Md. : Johns Hopkins Univ. press, 2008. – ISBN 978-0-8018-8850-2

[15] CATL: CATL launches condensed battery with an energy density of up to 500 Wh/kg, enables electrification of passenger aircrafts. August 2024. – URL `https://www.catl.com/en/news/6015.html`. – Zugriff: 15.01.2025

[16] Caton, J. A.: Maximum efficiencies for internal combustion engines: Thermodynamic limitations. In: *International Journal of Engine Research* 19 (2017), Oktober, Nr. 10, S. 1005–1023. – ISSN 2041-3149

[17] Degano, M. ; Carraro, E. ; Bianchi, N.: Selection Criteria and Robust Optimization of a Traction PM-Assisted Synchronous Reluctance Motor. In: *IEEE Transactions on Industry Applications* 51 (2015), November, Nr. 6, S. 4383–4391. – ISSN 1939-9367

[18] Dong, P. ; Li, J. ; Yao, K. ; Li, S. ; Wang, S. ; Xu, X. ; Guo, W.: Downshifting strategy of plug-in hybrid vehicle during braking process for greater regenerative energy. In: *Control Engineering Practice* 152 (2024), November. – Art. Nr. 106049. – ISSN 0967-0661

[19] Doppelbauer, M.: Grundlagen der Elektromobilität. Wiesbaden : Imprint: Springer Vieweg, 2020 (Springer eBook Collection). – ISBN 978-3-658-29730-5

[20] Edsall, Larry: Corvette Stingray the seventh generation of America's sports car. Motorbooks, 2013. – 192 S. – ISBN 978-0-7603-4384-5

[21] Europäische Union: Regelung Nr. 101 der Wirtschaftskommission der Vereinten Nationen für Europa (UN/ECE). 2013. – URL https://eur-lex.europa.eu/eli/reg/2012/101(2)/oj. – Zugriff: 04.03.2025

[22] Europäische Union: Verordnung (EU) Nr. 2017/1151 der Kommission vom 1. Juni 2017. 2017. – URL https://eur-lex.europa.eu/eli/reg/2017/1151/oj/. – Zugriff: 03.03.2025

[23] Europäische Union: Regelung Nr. 13H der Wirtschaftskommission der Vereinten Nationen für Europa (UN/ECE). 2023. – URL https://eur-lex.europa.eu/legal-content/DE/TXT/PDF/?uri=CELEX:42023X0401. – Zugriff: 01.07.2025

[24] Fach, M.: Lokale Effekte der Reibung zwischen Pkw-Reifen und Fahrbahn, TU Darmstadt, Dissertation, 1999

[25] Fischer, R. ; Jürgens, G. ; Küçükay, F. ; Najork, R. ; Pollack, B. ; Jürgens, G. (Hrsg.) ; Küçükay, F. (Hrsg.) ; Najork, R. (Hrsg.) ; Pollack, B. (Hrsg.): Das Getriebebuch. Wien : Springer, 2012 (SpringerLink). – ISBN 978-3-7091-0876-5

[26] Ford Motor Company, Dearborn: Datenblatt - Ford 10R80: 10-Speed Automatic Transmission. 2016. – URL https://www.fordcomponentsalesllc.com/powertrain/ford-10r80-transmission/. – Zugriff: 17.07.2025

[27] Garcia, I. E. ; Ruiz, C. ; Janeiro, L. ; Lyons, M.: Batteries for Electric Vehicles / IRENA (Internatioal Renewable Energy Agency). 2024. – Forschungsbericht. – ISBN 978-92-9260-626-8

[28] General Motors, Detroit: Supermatic 10L90-E. 2016. – URL https://www.gmspecialtyvehicles.com/chevrolet-performance/powertrain/transmissions/10l90-e. – Zugriff: 17.07.2025

[29] Georgiev, P. ; De Filippis, G. ; Gruber, P. ; Sorniotti, A.: On the Benefits of Active Aerodynamics on Energy Recuperation in Hybrid and Fully Electric Vehicles. In: *Energies* 16 (2023), August, Nr. 15. – Art. Nr. 5843. – ISSN 1996-1073

[30] Gil Gómez, G. ; Lönnergård, A. ; Asher, M. ; Nybacka, M. ; Bakker, E. ; Drugge, L.: Analysis and optimisation of objective vehicle dynamics testing in winter conditions. In: *Vehicle System Dynamics* 55 (2017), Januar, Nr. 7, S. 945–969. – ISSN 1744-5159

[31] Grazian, F. ; Soeiro, T. ; Bauer, P.: Voltage/Current Doubler Converter for an Efficient Wireless Charging of Electric Vehicles With 400-V and 800-V Battery Voltages. In: *IEEE Transactions on Industrial Electronics* 70 (2023), August, Nr. 8, S. 7891–7903. – ISSN 1557-9948

[32] Guzzella, L. (Hrsg.) ; Sciarretta, A. (Hrsg.): Vehicle Propulsion Systems. Second Edition. Berlin, Heidelberg : Springer Berlin Heidelberg, 2008 (Springer eBook Collection). – ISBN 978-3-540-74691-1

[33] Haag, A.: Konzepte für effiziente hybride Triebstränge, Universität Stuttgart, Dissertation, 2017

[34] Han, Y. ; Lu, Y. ; Liu, J. ; Zhang, J.: Research on Tire/Road Peak Friction Coefficient Estimation Considering Effective Contact Characteristics between Tire and Three-Dimensional Road Surface. In: *Machines* 10 (2022), Juli, Nr. 8. – Art. Nr. 614. – ISSN 2075-1702

[35] HBK: Datenblatt - T12HP Torque Transducer. Juli 2023. – URL `https://media.hbkworld.com/m/aaadf03e7c227f6e/original/T12HP-Data-Sheet-B04582.pdf`. – Zugriff: 15.04.2025

[36] Heissing, B. (Hrsg.) ; Ersoy, M. (Hrsg.) ; Gies, S. (Hrsg.): Fahrwerkhandbuch: Grundlagen · Fahrdynamik · Komponenten · Systeme · Mechatronik · Perspektiven. Springer Fachmedien Wiesbaden, 2013. – ISBN 978-3-658-01992-1

[37] International Organization for Standardization: Road vehicles – Functional safety - ISO26262:2018. Standard. 2018. – URL `https://www.iso.org/standard/68383.html`

[38] International Organization for Standardization: Road vehicles - Objective rating metric for non-ambiguous signals - ISO/TS 18571:2024. Standard. 2024. – URL `https://www.iso.org/standard/85791.html`

[39] Jared, C. ; Board Systems and Division Sciences and National Research Council (Hrsg.): Cost, Effectiveness, and Deployment of Fuel Economy Technologies for Light-Duty Vehicles. Washington, D.C : National Academies Press, 2015. – ISBN 978-0-309-37389-0

[40] Kiencke, Uwe (Hrsg.) ; Nielsen, Lars (Hrsg.): Automotive Control Systems. Second edition. Berlin, Heidelberg : Springer-Verlag Berlin Heidelberg, 2005 (SpringerLink). – ISBN 978-3-540-26484-2

[41] Kim, H.: Personalization of Electric Vehicle Accelerating Behavior Based on Motor Torque Adjustment to Improve Individual Driving Satisfaction. In: *Sensors* 21 (2021), Juni, Nr. 12. – Art. Nr. 3951. – ISSN 1424-8220

[42] Kirsch, David A.: The electric vehicle and the burden of history. New Brunswick, NJ [u.a.] : Rutgers Univ. Press, 2000. – ISBN 978-0-8135-2809-0

[43] König, A. ; Nicoletti, L. ; Schröder, D. ; Wolff, S. ; Waclaw, A. ; Lienkamp, M.: An Overview of Parameter and Cost for Battery Electric Vehicles. In: *World Electric Vehicle Journal* 12 (2021), Februar, Nr. 1. – Art. Nr. 21. – ISSN 2032-6653

[44] Lacock, S. ; Plessis, A. A. du ; Booysen, M. J.: Electric Vehicle Drivetrain Efficiency and the Multi-Speed Transmission Question. In: *World Electric Vehicle Journal* 14 (2023), Dezember, Nr. 12. – Art. Nr. 342. – ISSN 2032-6653

[45] Li, C. ; Zhang, L. ; Lian, S. ; Liu, M.: Research on regenerative braking control of electric vehicles based on game theory optimization. In: *Science Progress* 107 (2024), April, Nr. 2. – ISSN 2047-7163

[46] Liebl, Johannes ; Lederer, M (Hrsg.) ; Rohde-Brandenburger, K. (Hrsg.) ; Biermann, J. (Hrsg.) ; Roth, M. (Hrsg.) ; Schäfer, H (Hrsg.): *Energiemanagement Im Kraftfahrzeug*. Wiesbaden : Springer Fachmedien Wiesbaden, 2014 (ATZ/MTZ-Fachbuch Ser.). – 323–365 S. – Description based on publisher supplied metadata and other sources.. – ISBN 978-3-658-04451-0

[47] Mahmoudi, A. ; Soong, W. ; Pellegrino, G. ; Armando, E.: Loss Function Modeling of Efficiency Maps of Electrical Machines. In: *IEEE Transactions on Industry Applications* 53 (2017), September, Nr. 5, S. 4221–4231. – ISSN 1939-9367

[48] Marinelli, M. ; Calearo, L. ; Engelhardt, J. ; Rohde, G.: Electrical Thermal and Degradation Measurements of the LEAF e-plus 62-kWh Battery Pack. In: *2022 International Conference on Renewable Energies and Smart Technologies (REST)*, IEEE, Juli 2022

[49] Meier, Ingo (Hrsg.): Citroën 2 CV: Alle Modelle von 1948 bis 1990. Königswinter : HEEL Verlag GmbH, 2011 (Autos, die noch Typen waren). – ISBN 978-3-86852-480-2

[50] Mercedes AG, Untertürkheim: Automatic transmission 9G-Tronic System Description. 2013. – URL `https://www.mbscottsdale.com/clp-what-is-the-9g-tronic-transmission-available-in-new/-mercedes-benz`. – Zugriff: 17.07.2025

[51] Miri, I. ; Fotouhi, A. ; Ewin, N.: Electric vehicle energy consumption modelling and estimation - A case study. In: *International Journal of Energy Research* 45 (2020), Juli, Nr. 1, S. 501–520. – ISSN 1099-114X

[52] Musch, Peter: Bedarfsgerechte Aktuierung Eines CVT-Getriebes. Wiesbaden : Springer Fachmedien Wiesbaden GmbH, 2021 (Wissenschaftliche Reihe Fahrzeugtechnik Universität Stuttgart Ser.). – ISBN 978-3-658-36428-1

[53] Mutoh, N. ; Akashi, H.: Electric and mechanical brake cooperative control method for FRID EVs under various severe road conditions. In: *IECON 2011 - 37th Annual Conference of the IEEE Industrial Electronics Society*, IEEE, November 2011

[54] Nasser, Hussein ; Asfirane, Salim ; Amara, Yacine ; Chabour, Ferhat: Overload Capabilities of Synchronous Motors. In: *2024 IEEE International Magnetic Conference - Short papers (INTERMAG Short papers)*, IEEE, Mai 2024, S. 1–2

[55] Naunheimer, H. ; Bertsche, B. (Hrsg.) ; Ryborz, J. (Hrsg.) ; Novak, W. (Hrsg.): Automotive Transmissions: Fundamentals, Selection, Design and

Application. Berlin, Heidelberg : Springer Berlin Heidelberg, 2011 (Springer eBook Collection). – ISBN 978-3-642-16213-8

[56] NAUNHEIMER, H. ; BERTSCHE, B. ; LECHNER, G. ; LECHNER, G. (Hrsg.): Fahrzeuggetriebe: Grundlagen, Auswahl, Auslegung Und Konstruktion. Berlin/Heidelberg : Springer, 2007. – ISBN 978-3-540-30670-2

[57] NEILSON, P.: Speed of response or bandwidth of voluntary system controlling elbow position in intact man. In: *Medical and Biological Engineering* 10 (1972), Juli, Nr. 4, S. 450–459. – ISSN 1741-0444

[58] NEWMAN, K. ; DEKRAKER, P.: Modeling the Effects of Transmission Gear Count, Ratio Progression, and Final Drive Ratio on Fuel Economy and Performance Using ALPHA. In: *SAE Technical Paper Series*, SAE International, April 2016 (ANNUAL). – ISSN 0148-7191

[59] NGO, D.: Gear shift strategies for automotive transmissions, Technische Universiteit Eindhoven, Dissertation, 2012

[60] NGUYEN, C. T. ; WALKER, P. D. ; ZHANG, N.: Optimization and coordinated control of gear shift and mode transition for a dual-motor electric vehicle. In: *Mechanical Systems and Signal Processing* 158 (2021), September. – Art. Nr. 107731. – ISSN 0888-3270

[61] PINHEIRO, L. ; PASSARINHO, F. ; TEIXEIRA, A. ; SILVA, H. ; RIBEIRO, B.: New Skate Chassis Concept for Electric Vehicles. In: *SAE Technical Paper Series*, SAE International, April 2012 (ANNUAL). – ISSN 0148-7191

[62] PINKOFSKY, L. ; KOLLMUS, B. ; HEUZEROTH, D. ; FITSCHEN, A. ; FITSCHEN, A. ; BLOCH, A. ; COUMANNS, A. ; ELLMERS, U. ; HAGEN, F. Farwick zum ; GAIL, J. ; FAZEKAS, A. ; SCHULZE, R.: Auswirkung einer generellen zulässigen Höchstgeschwindigkeit von 130 km/h auf Autobahnen auf die CO2-Emissionen / Bundesanstalt für Straßenwesen (BASt). Bergisch Gladbach, 2025. – Forschungsbericht

[63] PRADO, A. A. ; NENCHEV, V. ; RATHGEBER, C.: Optimizing Energy-Efficient Braking Trajectories with Anticipatory Road Data for Automated Vehicles. In: *2024 European Control Conference (ECC)*, IEEE, Juni 2024, S. 3280–3285

[64] Schmitz, M. ; Maag, C. ; Jagiellowicz, M. ; Hanig, M.: Impact of a combined accelerator–brake pedal solution on efficient driving. In: *IET Intelligent Transport Systems* 7 (2013), Juni, Nr. 2, S. 203–209. – ISSN 1751-9578

[65] Sherman, D.: Automatic Transmissions Compared: Ratio Spread. (2013), Dezember. – Veröffentlicht im Car and Driver Magazin

[66] Shirk, M. ; Wishart, J.: Effects of Electric Vehicle Fast Charging on Battery Life and Vehicle Performance. In: *SAE Technical Paper Series*, SAE International, April 2015 (ANNUAL). – ISSN 0148-7191

[67] Simon, F. G. ; Tebeje, T. W.: Comparative analysis of electric motor drives employed for propulsion purpose of Battery Electric Vehicle (BEV) systems. In: *International Journal of Science and Research Archive* 10 (2023), Dezember, Nr. 2, S. 1097–1112. – ISSN 2582-8185

[68] Sittig, A.: Optimierung und Applikation von Betriebsstrategien in Hybridfahrzeugen, Technischen Universität München, Dissertation, 2014

[69] Skytopia: Testing for Input Lag in a Tesla Model 3 Performance. September 2022. – URL `https://www.skytopia.com/project/tesla/lag/tesla-lag.html`. – Zugriff: 04.07.2025

[70] Spanoudakis, P. ; Moschopoulos, G. ; Stefanoulis, T. ; Sarantinoudis, N. ; Papadokokolakis, E. ; Ioannou, I. ; Piperidis, S. ; Doitsidis, L. ; Tsourveloudis, Nikolaos C.: Efficient Gear Ratio Selection of a Single-Speed Drivetrain for Improved Electric Vehicle Energy Consumption. In: *Sustainability* 12 (2020), November, Nr. 21. – Art. Nr. 9254. – ISSN 2071-1050

[71] Specovius, J.: Grundkurs Leistungselektronik. Wiesbaden : Springer Vieweg, 2020 (Springer eBook Collection). – ISBN 978-3-658-30398-3

[72] Spichartz, P. ; Sourkounis, C.: Comparison of drive train topologies for electric vehicles with regard to regenerative braking. In: *2019 Fourteenth International Conference on Ecological Vehicles and Renewable Energies (EVER)*, IEEE, 2019, S. 1–8

[73] Spichartz, P. N. ; Dost, P. ; Sourkounis, C.: On examination and measurement for recuperation modes targeting range extension in electric vehicles. In: *IECON 2014 - 40th Annual Conference of the IEEE Industrial Electronics Society*, IEEE, Oktober 2014

[74] Spichartz, Philipp ; Sourkounis, Constantinos: Influence of the drive train topology and the center of mass on the regenerative braking in electric vehicles. In: *2017 Twelfth International Conference on Ecological Vehicles and Renewable Energies (EVER)*, IEEE, April 2017, S. 1–8

[75] Staud, René: Porsche 911 Book, New Revised Edition. teNeues Publishing Company, 2020. – 192 S. – ISBN 978-3-96171-309-7

[76] Stone, R.: Introduction to internal combustion engines. SAE International, 2012. – ISBN 978-0-7680-2084-7

[77] Szumska, E. M.: Regenerative Braking Systems in Electric Vehicles: A Comprehensive Review of Design, Control Strategies, and Efficiency Challenges. In: *Energies* 18 (2025), Mai, Nr. 10. – Art. Nr. 2422. – ISSN 1996-1073

[78] Tanim, T. ; Shirk, M. ; Bewley, R. ; Dufek, E. ; Liaw, B.: Fast charge implications: Pack and cell analysis and comparison. In: *Journal of Power Sources* 381 (2018), März, S. 56–65. – ISSN 0378-7753

[79] Tenberge, P. ; Sewart, J. ; Müller, J.: CVT für höchste Drehmomente / Technische Universität Chemnitz. – Forschungsbericht

[80] Thielmann, A. ; Sauer, A. ; Wietschel, M.: Gesamt-Roadmap Energiespeicher für die Elektromobilität 2030 / Fraunhofer ISI, Karlsruhe. Januar 2012. – Forschungsbericht

[81] Toyota Motor Corporation, Toyota: New FR 10-speed Automatic Transmission. 2016. – URL `https://global.toyota/en/powertrain/transmission/`. – Zugriff: 17.07.2025

[82] Toyota Motor Corporation, Toyota: Toyota Prius Plug-In Hybrid. 2023. – URL `https://www.toyota.de/neuwagen/prius-plugin`. – Zugriff: 18.07.2025

[83] Ueda, K. ; Sakurai, S. ; Sado, O.: Improving Fuel Economy by Increasing Gear Steps of Automatic Transmissions. In: *SAE Technical Paper 912483* (1991)

[84] Umegami, H. ; Harada, T. ; Nakahara, K.: Performance Comparison of Si IGBT and SiC MOSFET Power Module Driving IPMSM or IM under WLTC.

In: *World Electric Vehicle Journal* 14 (2023), April, Nr. 4. – Art. Nr. 112. – ISSN 2032-6653

[85] Europäische Union: Uniform provisions concerning the approval of vehicles withregard to specific requirements for the electric power train. In: *UNECE R100 Rev.3* (2024), Januar

[86] U.S. Environmental Protection Agency: The 2018 EPA Automotive Trends Report: Greenhouse Gas Emissions, Fuel Economy, and Technology since 1975. In: *EPA-420-R-19-002,* (2019), März

[87] U.S. Environmental Protection Agency: Code of Federal Regulations (CFR) 40 - Protection of Environment. August 2025. – URL `https://www.ecfr.gov/current/title-40/`. – Zugriff am 21.08.2025

[88] WLTP Informal Working Group: Proposal of applicable drive trace indexes and criteria / Japan automotive Research Institute. 2018. – Forschungsbericht

[89] U.S. EPA National Vehicle and Fuel Emissions Laboratory: 2014 Mazda 2.0L SKYACTIV Engine LEV III Fuel - ALPHA Map Package: Fuel Map Data. Version 2018-02, National Center for Advanced Technology, Ann Arbor, MI. 2018

[90] Wager, G. ; Whale, J. ; Braunl, T.: Performance evaluation of regenerative braking systems. In: *Proceedings of the Institution of Mechanical Engineers, Part D: Journal of Automobile Engineering* 232 (2017), November, Nr. 10, S. 1414–1427. – ISSN 2041-2991

[91] Xia, Z. ; Huang, M.: Optimizing the Aerodynamic Efficiency of Electric Vehicles via Streamlined Design: A Computational Fluid Dynamics Approach. In: *International Journal of Heat and Technology* 42 (2024), Juni, Nr. 3, S. 865–876. – ISSN 0392-8764

[92] Yang, Y. ; Wang, C. ; Zhang, Q. ; He, X.: Torque Coordination Control during Braking Mode Switch for a Plug-in Hybrid Electric Vehicle. In: *Energies* 10 (2017), Oktober, Nr. 11. – Art. Nr. 1684. – ISSN 1996-1073

[93] Yang, Y. ; Zhang, Y. ; Zhang, S. ; Tian, J. ; Hu, S.: Control Strategy of Mode Transition with Engine Start in a Plug-in Hybrid Electric Bus. In: *Energies* 12 (2019), August, Nr. 15. – Art. Nr. 2989. – ISSN 1996-1073

[94] Yokogawa: Datenblatt - WT5000 Precision Power Analyzers. September 2018. – URL https://cdn.tmi.yokogawa.com/BUWT5000-01EN.pdf. – Zugriff am 17.07.2025

[95] Yuan, X. M. ; Guo, H. ; Ye, F. ; Ma, C. F.: Experiment of Voltage Response During Mode Switching in a Unitized Regenerative Fuel Cell with Parallel Flow Field. In: *2018 7th International Conference on Renewable Energy Research and Applications (ICRERA)* Bd. 47, IEEE, Oktober 2015, S. 814–818

[96] Zanelli, A. ; Kullick, J. ; Eldeeb, H. ; Frison, G. ; Hackl, C. ; Diehl, M.: Continuous Control Set Nonlinear Model Predictive Control of Reluctance Synchronous Machines. 2019

[97] ZF Friedrichshafen AG, Friedrichshafen: 8-Gang-Automatgetriebe. 2025. – URL https://www.zf.com/products/de/cars/products_64238.html. – Zugriff: 17.07.2025

[98] ZF Friedrichshafen AG, Friedrichshafen: 9-Gang-Automatgetriebe. 2025. – URL https://www.zf.com/products/de/cars/products_65822.html. – Zugriff: 17.07.2025

[99] Zhao, M. ; Nefcy, B. ; Colvin, D. ; Ford, S. ; Liu, Z.: Regenerative Braking Control Development for P2 Parallel Hybrid Electric Vehicles. In: *SAE Technical Paper Series* Bd. 1, SAE International, März 2017. – ISSN 0148-7191

[100] Zhou, X. ; Wu, G. ; Wang, C. ; Zhang, R. ; Shi, S. ; Zhao, W.: Cooperative optimization of energy recovery and braking feel based on vehicle speed prediction under downshifting conditions. In: *Energy* 301 (2024), August. – Art. Nr. 131699. – ISSN 0360-5442

[101] Zhuang, W. ; Li, S. ; Zhang, X. ; Kum, D. ; Song, Z. ; Yin, G. ; Ju, F.: A survey of powertrain configuration studies on hybrid electric vehicles. In: *Applied Energy* 262 (2020), März. – Art. Nr. 114553. – ISSN 0306-2619

[102] Zwerger, T. ; Mercorelli, P.: Optimal control strategies for PMSM with a decoupling super twisting SMC and inductance estimation in the presence of saturation. In: *Journal of the Franklin Institute* 361 (2024), Juli, Nr. 11. – Art. Nr. 106934. – ISSN 0016-0032

# Glossar

| | |
|---|---|
| C-Rate | Kennzahl für die Lade- bzw. Entladerate einer Batterie. Beispiel: 1C bedeutet vollständiges Laden oder Entladen in einer Stunde, 2C in einer halben Stunde. |
| Hysterese | Eigenschaft eines Systems mit unterschiedlichen Schaltschwellen für das Ein- und Ausschalten, um unerwünschtes Hin- und Herschalten zu vermeiden. |
| Hüllkurve | Kurve, die die äußere Begrenzung einer Menge von Kurven oder Punkten bildet (Ober-/Unterhülle). In Auswertungen dient sie zur Visualisierung von Extremwerten. |
| MATLAB | Eine Software der Firma MathWorks. Diese Software wird zur Entwicklung und zur Simulation unterschiedlicher Systeme verwendet. |
| Mealy-Automat | Endlicher Zustandsautomat, bei dem die Ausgänge von aktuellem Zustand und Eingaben abhängen ($y = f(s, x)$). |
| Moore-Automat | Endlicher Zustandsautomat, bei dem die Ausgänge ausschließlich vom aktuellen Zustand abhängen ($y = g(s)$). |
| Rekuperation | Umwandlung der kinetischen Energie eines Fahrzeugs in elektrische Energie zur Reichweitensteigerung. |
| Simscape | Physikalisches Modellierungsframework von MathWorks zur Beschreibung und Simulation von Mehrdomänensystemen (elektrisch, mechanisch, hydraulisch, thermisch) mit komponentenbasierten Bibliotheken; läuft in Simulink und arbeitet mit physikalischen Größen. |
| Simulink | Graphische Umgebung von MathWorks zur Modellierung, Simulation und (optional) automatischen Codegenerierung dynamischer Systeme auf Blockdiagramm-Basis; eng integriert mit MATLAB, Simscape und Stateflow. |


M. Jaksch, *Betriebsstrategien für batterieelektrische Personenkraftwagen mit mehrstufigen Getrieben*, Wissenschaftliche Reihe Fahrzeugtechnik Universität Stuttgart, https://doi.org/10.1007/978-3-658-52610-8

| | |
|---|---|
| Stateflow | Erweiterung von Simulink zur Modellierung ereignis- und zustandsbasierter Logik mittels Statecharts und Flussdiagrammen; geeignet für Steuergeräte-Logik, Zustandsautomaten und Überwachungsfunktionen. |
| Topographie | Beschreibung der Gelände- bzw. Oberflächenform eines Gebiets; umfasst Höhen, Neigungen und Relief. In technischen Kontexten auch die geometrische Oberflächenbeschaffenheit von Bauteilen oder Streckenprofilen. |
| Topologie | Struktur bzw. Verschaltungsform eines Systems oder Netzes, unabhängig von exakter Geometrie, Abständen oder Koordinaten; z. B. elektrische Netzwerke oder Antriebsstrang-Topologien. |

# Anhang

## Anhang A

In Anhang A.1 werden die auftretenden Fahrwiderstandskräfte Trägheitskraft, Rollwiderstandskraft und Luftwiderstandskraft in allen verwendeten Fahrzyklen für das in Tabelle 3.2 definierte Beispielfahrzeug dargestellt. Die Zyklen sind im Titel der Abbildungen erwähnt, weshalb auf eine detaillierte Erläuterung im Text verzichtet wird.

In Anhang A.2 werden die normierten Größen aus dem Validierungslauf der Simulation aus Kapitel 3.2.3 im Detail dargestellt.

### A.1 Fahrwiderstandskräfte aller verwendeter Fahrzyklen

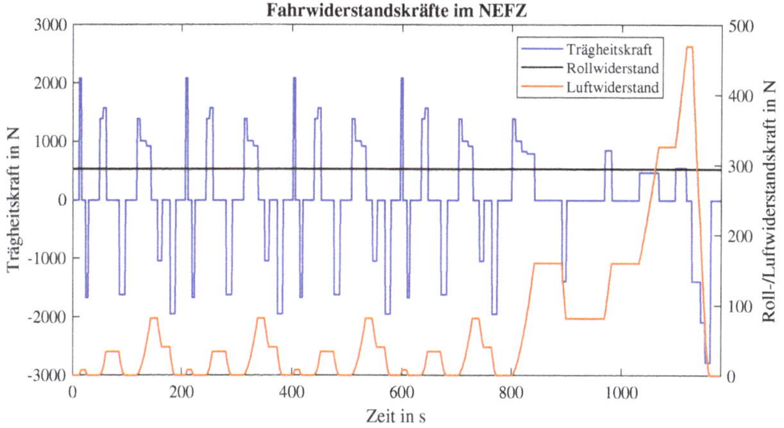


**Abbildung A.1:** Fahrwiderstandskräfte im NEFZ für das in Tabelle 3.2 definierte Beispielfahrzeug


M. Jaksch, *Betriebsstrategien für batterieelektrische Personenkraftwagen mit mehrstufigen Getrieben*, Wissenschaftliche Reihe Fahrzeugtechnik Universität Stuttgart, https://doi.org/10.1007/978-3-658-52610-8

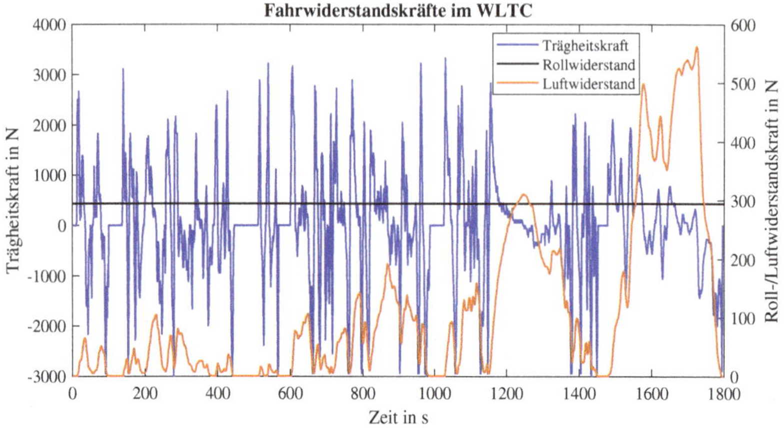


**Abbildung A.2:** Fahrwiderstandskräfte im WLTC für das in Tabelle 3.2 definierte Beispielfahrzeug

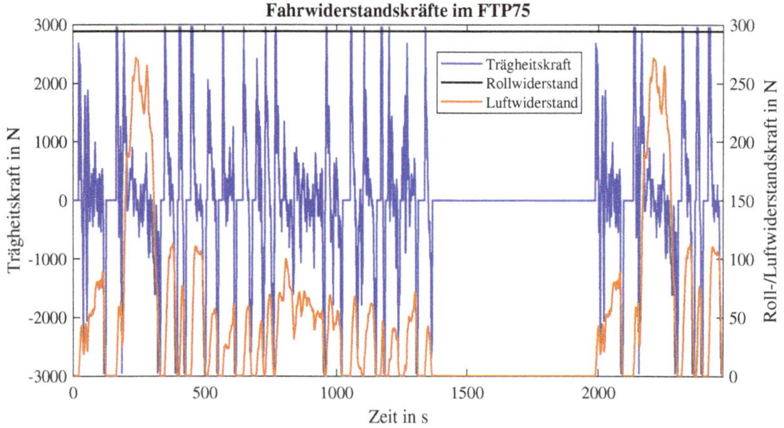


**Abbildung A.3:** Fahrwiderstandskräfte im FTP75 für das in Tabelle 3.2 definierte Beispielfahrzeug

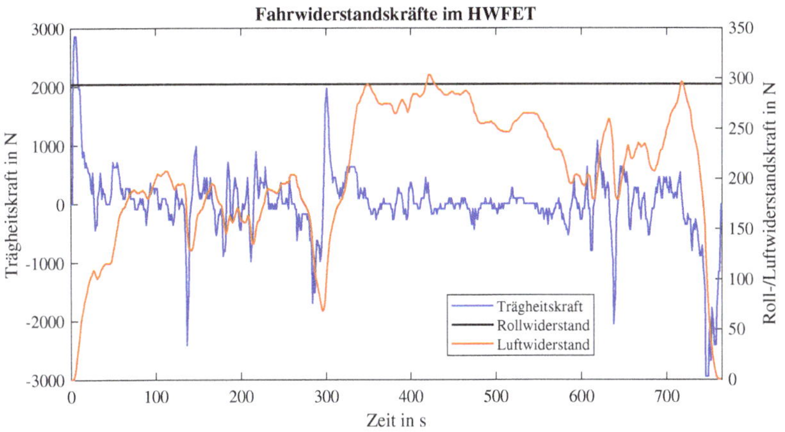


**Abbildung A.4:** Fahrwiderstandskräfte im HWFET für das in Tabelle 3.2 definierte Beispielfahrzeug

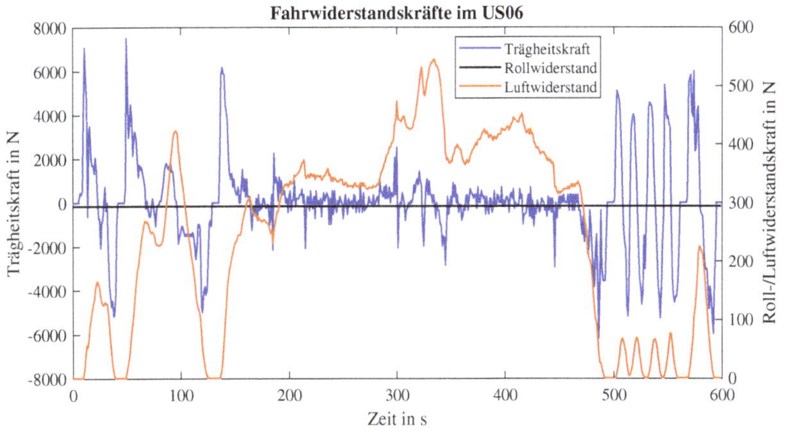


**Abbildung A.5:** Fahrwiderstandskräfte im US06 für das in Tabelle 3.2 definierte Beispielfahrzeug

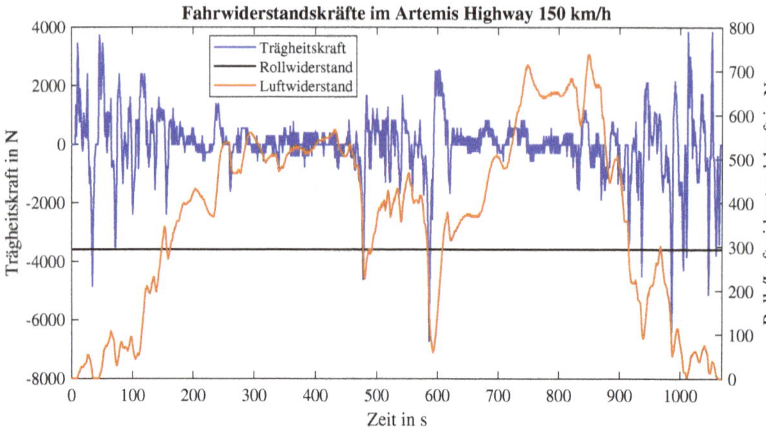


**Abbildung A.6:** Fahrwiderstandskräfte im Artemis Highway 150 km/h für das in Tabelle 3.2 definierte Beispielfahrzeug

## A.2 Ergebnisse des Validierungslaufs im Detail

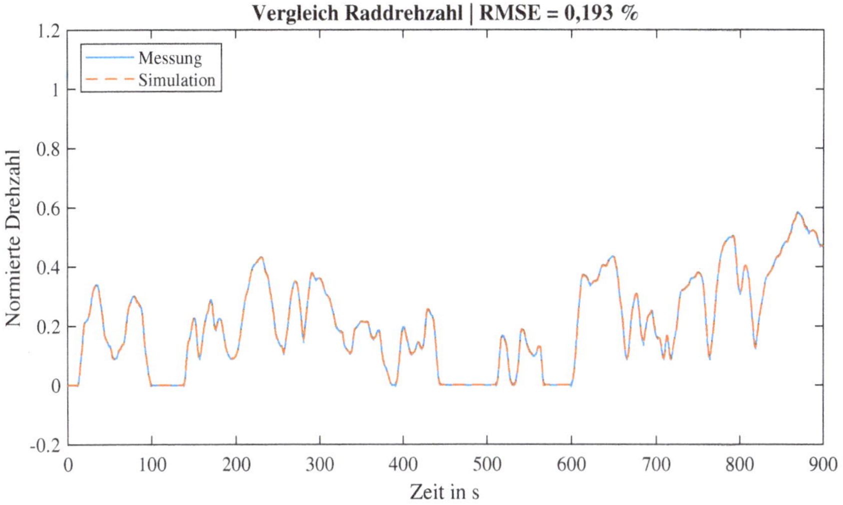


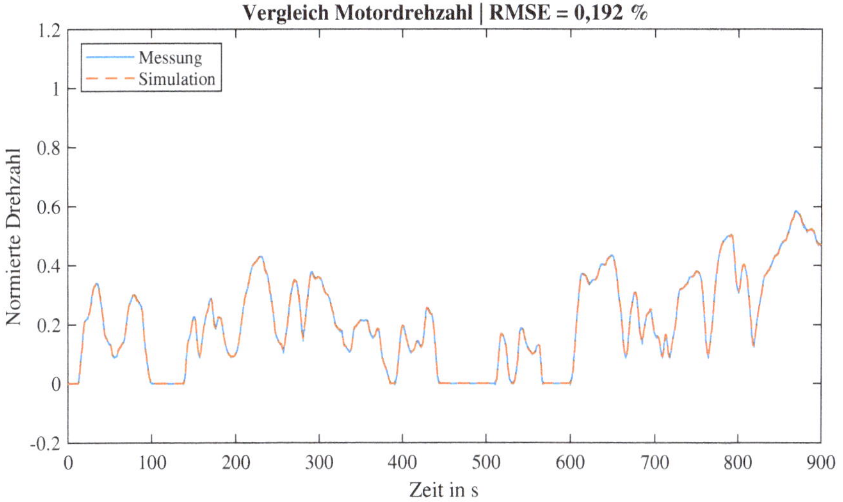


**Abbildung A.7:** Drehzahlen: Vergleich zwischen Messung und Simulation von 0 s bis 900 s

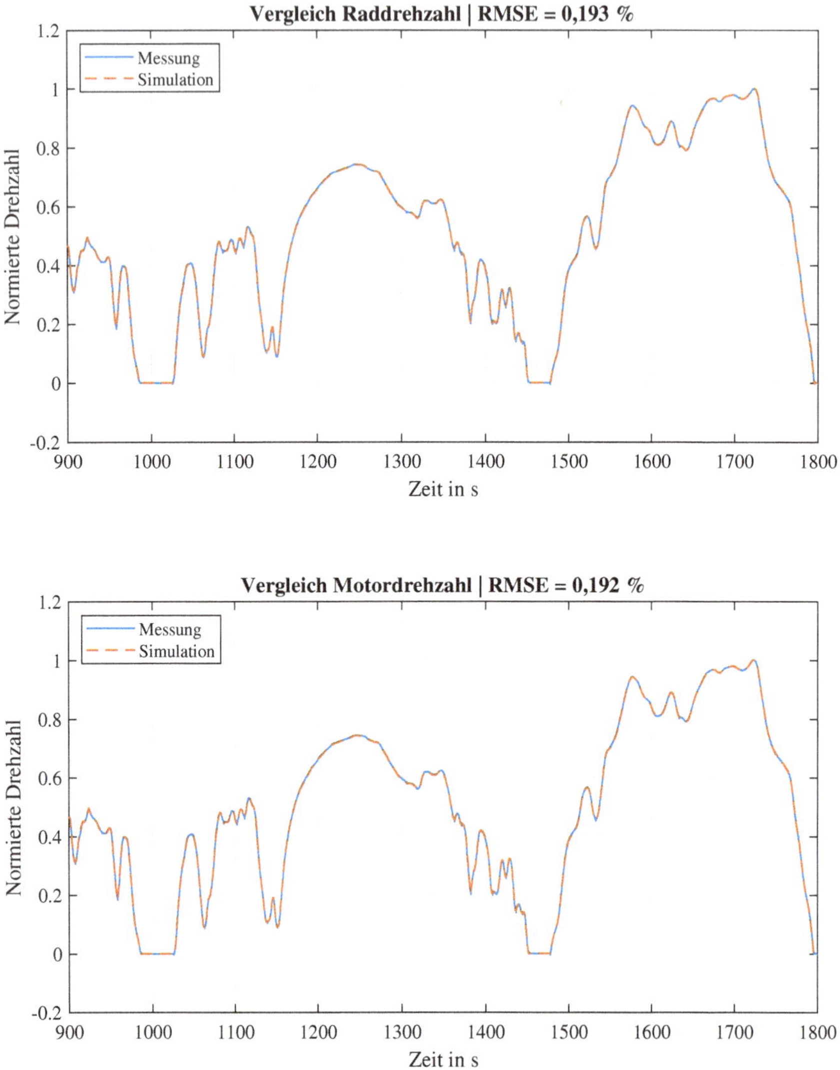


**Abbildung A.8:** Drehzahlen: Vergleich zwischen Messung und Simulation von 900 s bis 1800 s

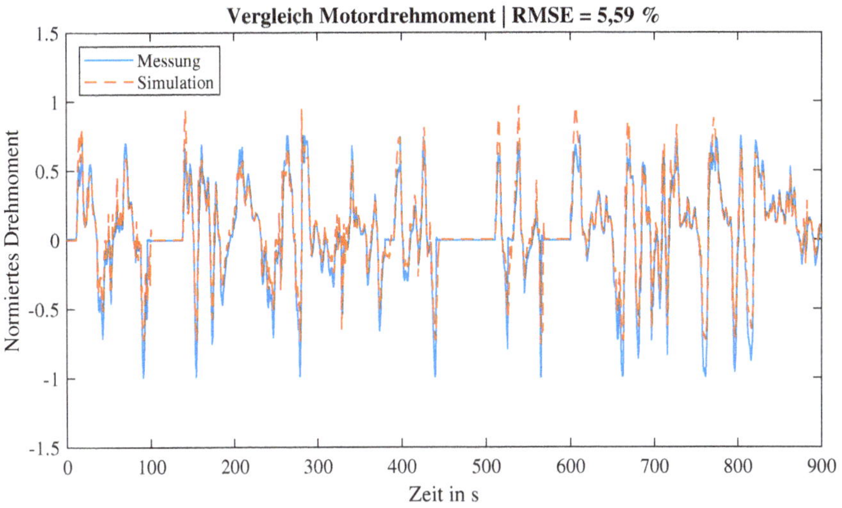


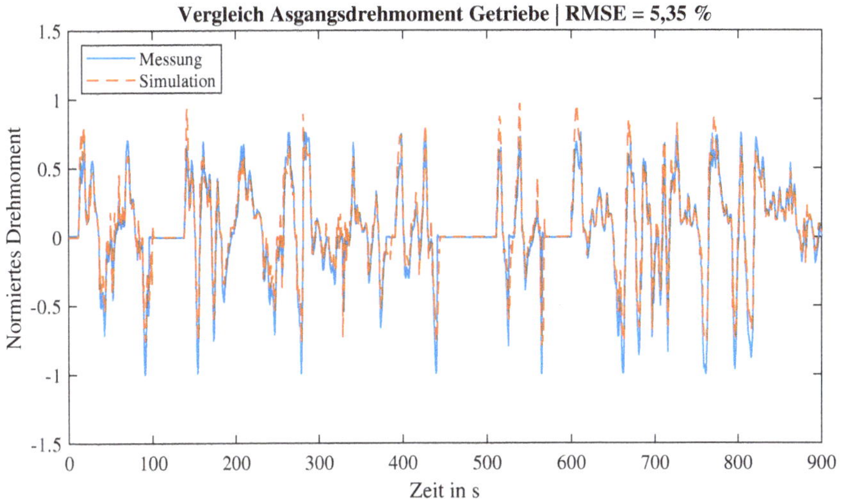


**Abbildung A.9:** Drehmomente: Vergleich zwischen Messung und Simulation von 0 s bis 900 s

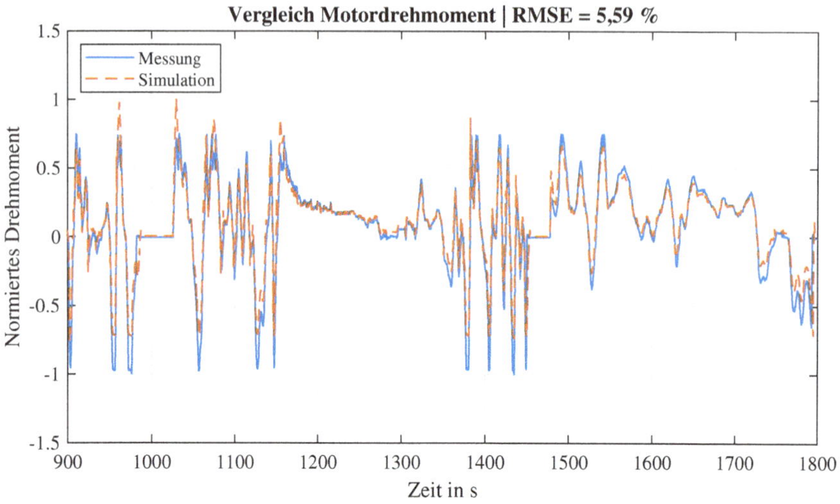


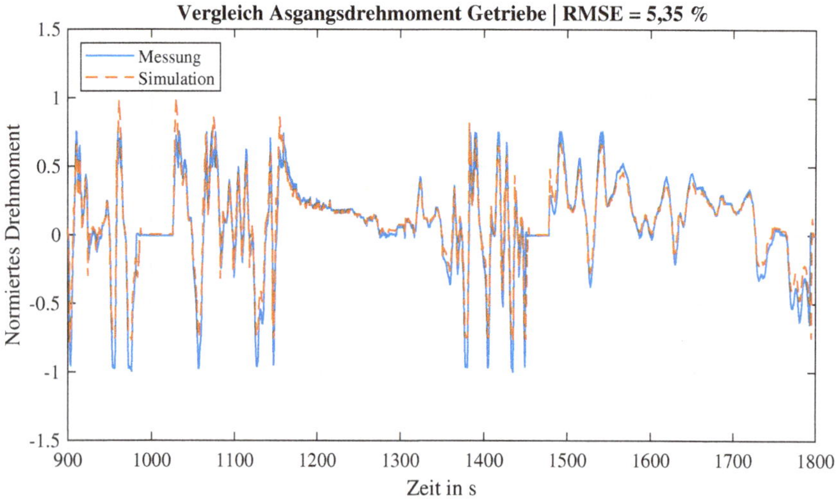


**Abbildung A.10:** Drehmomente: Vergleich zwischen Messung und Simulation von 900 s bis 1800 s

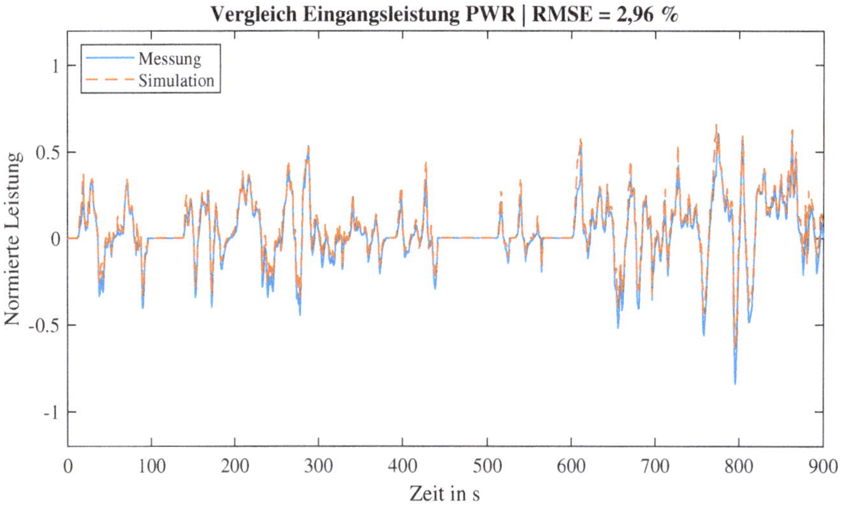


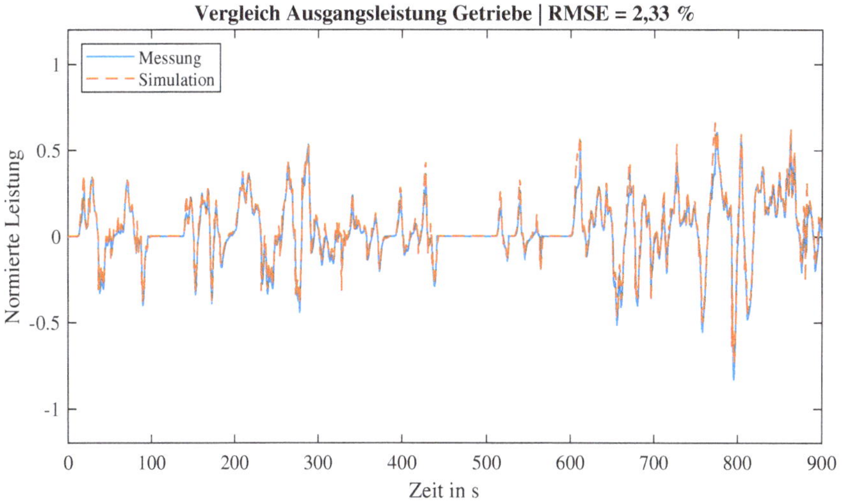


**Abbildung A.11:** Leistungen: Vergleich zwischen Messung und Simulation von 0 s bis 900 s

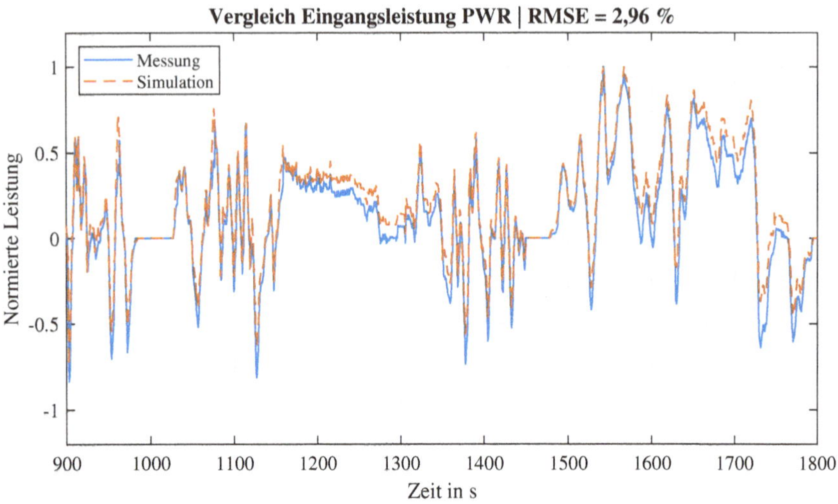


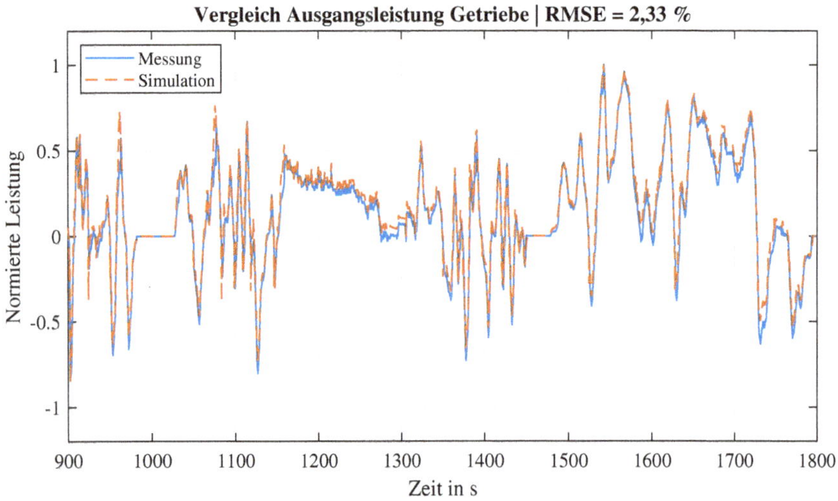


**Abbildung A.12:** Leistungen: Vergleich zwischen Messung und Simulation von 900 s bis 1800 s

In Tabelle A.1 sind die Ergebnisse des Validierungslauf mit ihrer "Rank"Bewertung nach der ISO/TS 18571 [38].

**Tabelle A.1:** Ranks nach ISO/TS 18571 im Validierungslauf

| Größe | R | Corridor $Z$ | Phase $E_P$ | Magnitude $E_M$ | Slope $E_S$ |
|---|---|---|---|---|---|
| $n_{\text{Rad}}$ | 1 | 1 | 1 | 1 | 1 |
| $n_{\text{Mot}}$ | 1 | 1 | 1 | 1 | 1 |
| $P_{\text{in}}$ | 2 | 2 | 1 | 2 | 2 |
| $P_{\text{out}}$ | 2 | 1 | 1 | 1 | 2 |
| $M_{\text{Rad}}$ | 2 | 2 | 1 | 2 | 3 |
| $M_{\text{Mot}}$ | 2 | 2 | 1 | 2 | 3 |

# Anhang B

In Anhang B.1 werden die in der Simulation verwendeten, modifizierten Wirkungsgradkennfelder dargestellt. In Anhang B.2 wird eine Übersicht über die in dem Zustandsautomaten der Betriebsstrategie verwendeten Parameter (vgl. Tabelle 4.1) gegeben.

## B.3 Modifizierte Wirkungsgradkennfelder

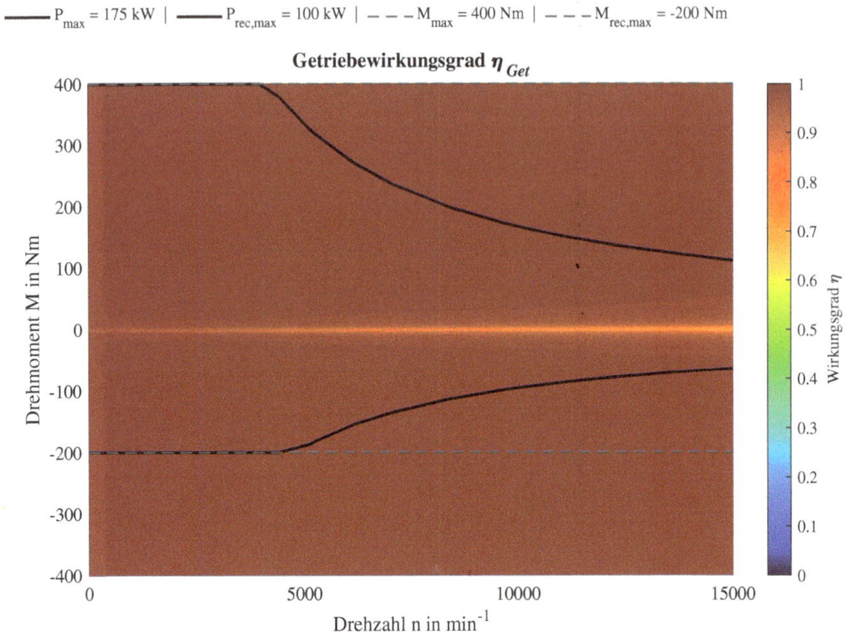


**Abbildung B.1:** Wirkungsgradkennfeld Getriebe mit Systemgrenzen

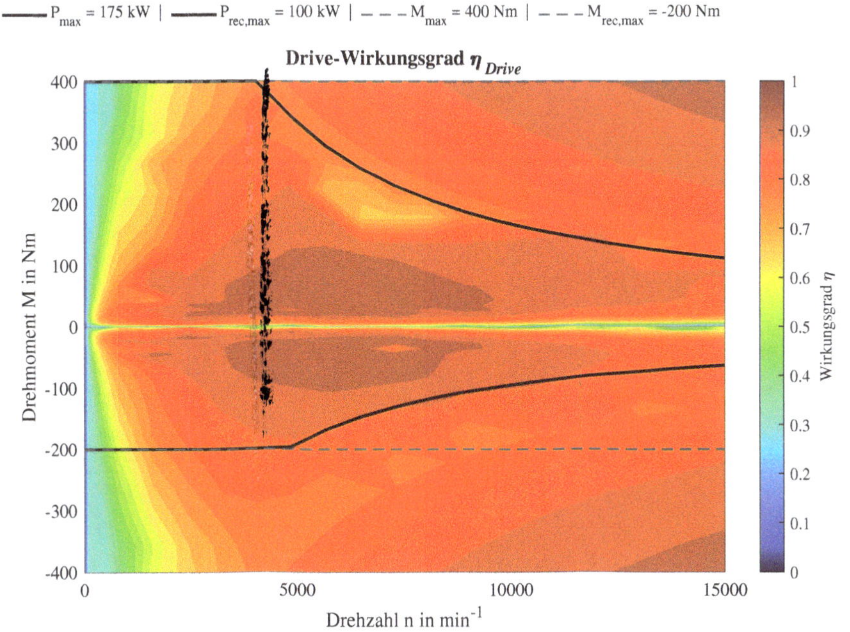


**Abbildung B.2:** Wirkungsgradkennfeld PMSM und PWR mit Systemgrenzen

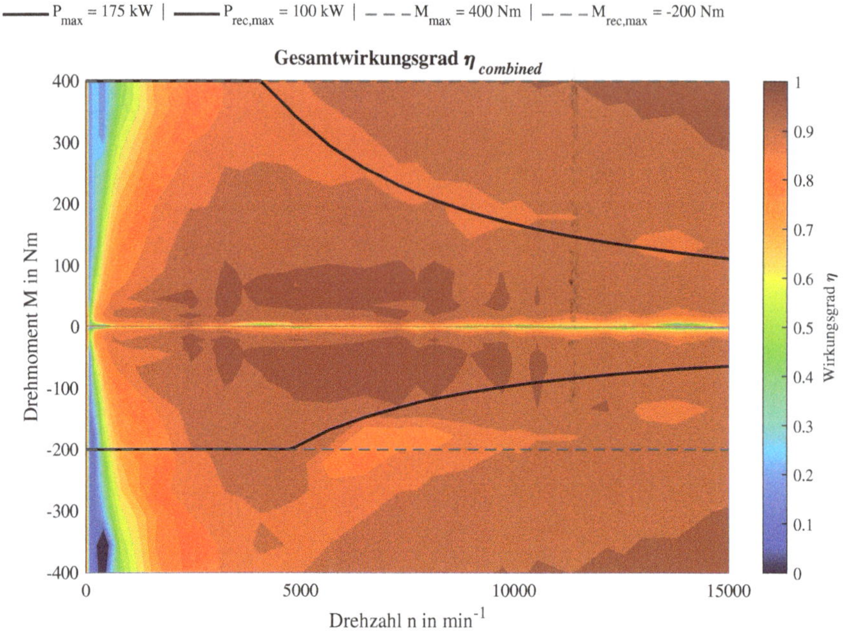


**Abbildung B.3:** Kombiniertes Wirkungsgradkennfeld mit Systemgrenzen

## B.4 Parameter des Zustandsautomaten

**1)** $\Delta v_{\text{shift},1}$: Verschiebung der 1–2 Schaltlinie, angegeben in km/h

**2)** $\Delta v_{\text{shift},2}$: Verschiebung der 2–3 Schaltlinie, angegeben in km/h

**3)** Hysterese: Rückschaltlinien ergeben sich aus den Schaltlinien minus der Rückschalthysterese, angegeben in km/h

**4)** $p_{\text{prio}}(v)$: Geschwindigkeitsabhängiger Prioritätsfaktor nach Gl. 4.7 und Gl. 4.8

**5)** $v_1$: Oberhalb von $v_1$ gilt $p_2$, vgl. Gl. 4.7, in km/h

**6)** $v_2$: Oberhalb von $v_2$ gilt $p_3$, vgl. Gl. 4.7, in km/h

**7)** $\Theta_{\text{schalt,mot}}$: Mindestlast für einen Schaltvorgang im mot. Betrieb, in %

**8)** $\Theta_{\text{schalt,gen}}$: Mindestlast für einen Schaltvorgang im gen. Betrieb, in %

**9)** $T_{\uparrow}$: Mindestverweildauer zwischen Hochschaltungen im mot. Betrieb, in s

**10)** $T_{\downarrow}$: Mindestverweildauer zwischen Rückschaltungen im mot. Betrieb, in s

**11)** $T_{\text{rec}}$: Mindestverweildauer zwischen Schaltvorgängen im gen. Betrieb, in s

**12)** $MT_{\text{mot}}$: Grenze für eine Mode-Transition in den mot. Superstate, in Nm

**13)** $MT_{\text{gen}}$: Grenze für eine Mode-Transition in den gen. Superstate, in Nm

**14)** $f_{\text{g}}$ (Tiefpass): 3-dB-Grenzfrequenz für die Signalkonditionierung des Zustandsautomaten, in Hz

## B.5 Untersuchungen zum Gangpriorisierungsfaktor

Um die Entscheidung für den invers geschwindigkeitsabhängigen Gangpriorisierungsfaktor zu rechtfertigen wurden Vergleiche mit einem konstanten Priorisierungsfaktor sowie einem nach Gl. B.1 gestalteten Priorisierungsfaktor mit den Knickpunkten $v_1 = 30\,\text{km/h}$ und $v_1 = 70\,\text{km/h}$ durchgeführt.

$$p_1 = p_{\text{prio}}, \quad p_2 = 2 \cdot p_{\text{prio}}, \quad p_3 = 3 \cdot p_{\text{prio}} \qquad \text{Gl. B.1}$$

Die Ergebnisse sind in den Abbildungen B.4 und B.5 für den konstanten und in den Abbildungen B.6 und B.7 für den geschwindigkeitsabhängigen Priorisierungsfaktor dargestellt. Diese liegen für alle betrachteten Parametervariationen oberhalb der Energieeffizienz der in Abbildung 4.9 dargestellten Ergebnisse für den invers geschwindigkeitsabhängigen Priorisierungsfaktor.

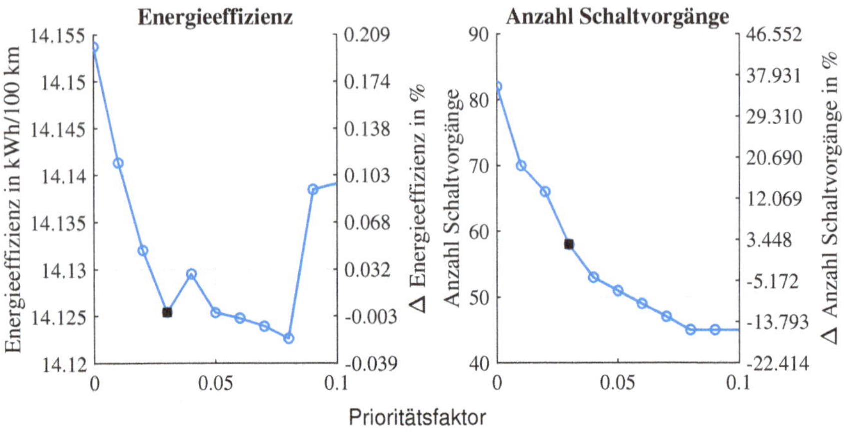


**Abbildung B.4:** Absolute und relative Energieeffizienz und Anzahl Schaltvorgänge über der Variation des Prioritätsfaktors

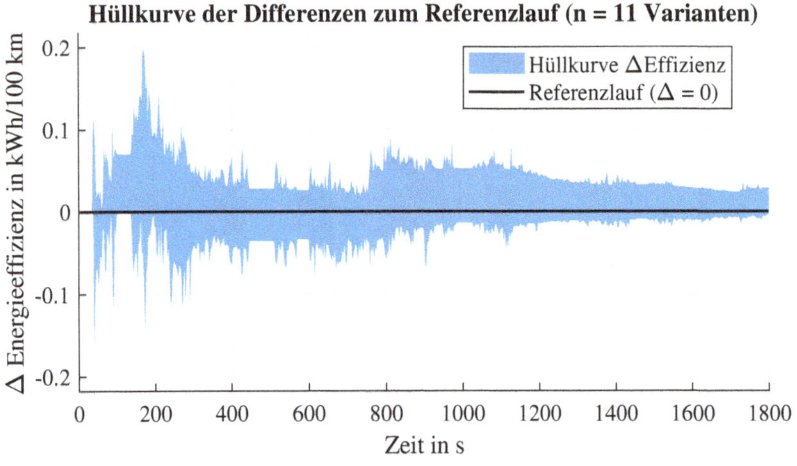


**Abbildung B.5:** Hüllkurve der Parametervariation des Prioritätsfaktors

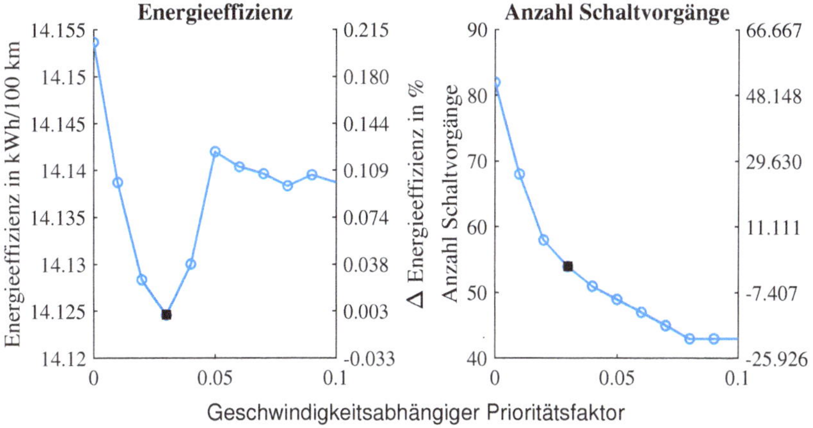


**Abbildung B.6:** Absolute und relative Energieeffizienz und Anzahl Schaltvorgänge über der Variation des geschwindigkeitsabhängigen Prioritätsfaktors

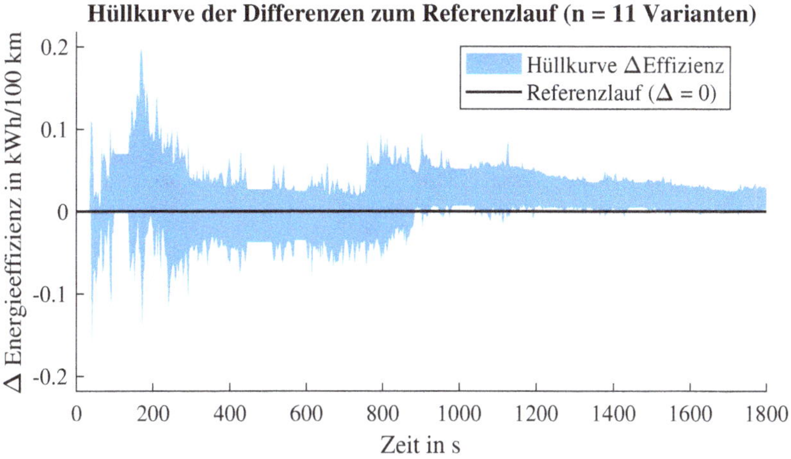


**Abbildung B.7:** Hüllkurve der Parametervariation des geschwindigkeitsabhängigen Prioritätsfaktors

## B.6 Fürfeld-Stuttgart Fahrzyklus

Bei diesem Zyklus handelt es sich um einen selbst mit einem Carista OBD-Datenlogger aufgezeichneten Fahrzyklus. Das dazu verwendete Fahrzeug ist ein BMW E46 323i mit dem Modelljahr 1998. Das Profil ist auf Abbildung B.8 dargestellt und enthält Messdaten einer Fahrt von der Esso-Tankstelle in Fürfeld (PLZ 74906) über die Autobahn in ein Wohngebiet in Stuttgart-Vaihingen (PLZ 70569) mit einer Abtastrate von 1 Hz. Es beinhaltet Autobahnabschnitte mit teilweise unbegrenzter Geschwindigkeit und Stausituationen, Anteile einer Überlandfahrt sowie einer innerstädtischen Fahrt.

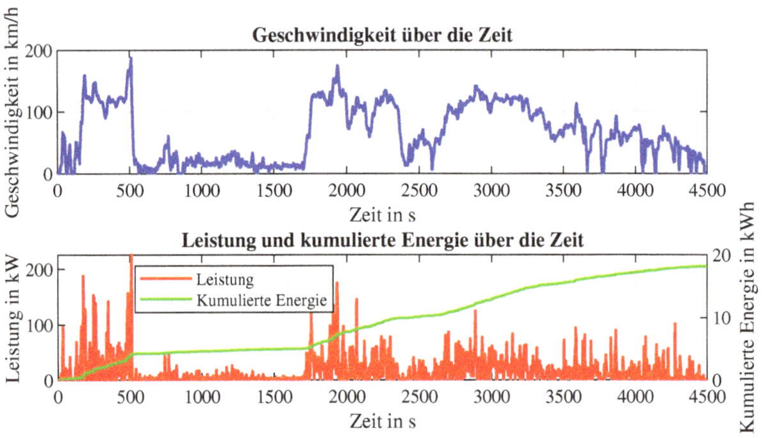


**Abbildung B.8:** Fahrwiderstandskräfte im Fürfeld-Stuttgart Zyklus für das in Tabelle 3.2 definierte Beispielfahrzeug

In Abbildung B.8 sind die im Fürfeld-Stuttgart Zyklus auftretenden Geschwindigkeiten, für das in dieser Arbeit betrachtete Beispielfahrzeug auftretende Radleistungen sowie die kumulierte Energie ohne Rekuperation dargestellt.

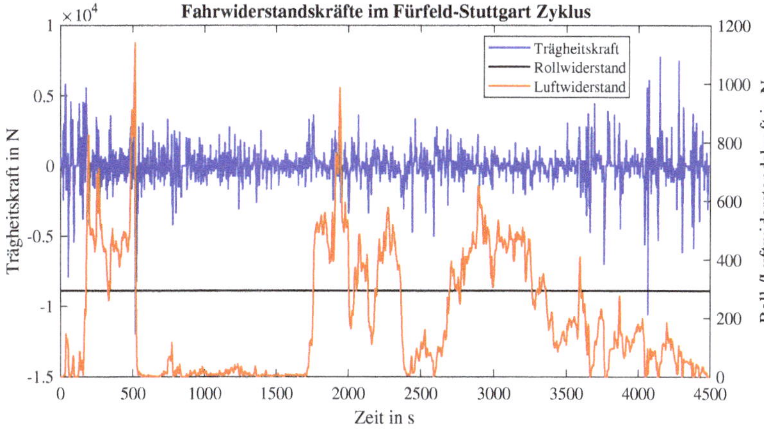


**Abbildung B.9:** Geschwindigkeit, Leistung und kumulierte Energie über die Zeit im Fürfeld-Stuttgart Zyklus für das Beispielfahrzeug aus Tabelle 3.2

In Abbildung B.9 sind die im Fürfeld-Stuttgart Zyklus auftretenden Fahrwiderstände für das in dieser Arbeit betrachtete Beispielfahrzeug aufgelistet.

Allgemeine Daten des Zyklus sind für das in Tabelle 3.2 definierte Beispielfahrzeug folgt:

- Der Energiebedarf beträgt 18,12 kWh.
- Die durchschnittliche Radleistung beträgt 14,50 kW.
- Die maximale Radleistung beträgt 225,29 kW.
- Die durchschnittliche Geschwindigkeit beträgt 63,76 km/h.
- Die maximale Geschwindigkeit beträgt 186,99 km/h.
- Die Zykluslänge beträgt 79,71 km.

FSC
www.fsc.org
MIX
Papier | Fördert gute Waldnutzung
FSC® C083411

Kolibri 360 GmbH
Ferdinand-Jühlke-Straße 7
99095 Erfurt, Deutschland
produktsicherheit@kolibri360.de